朝日新書
Asahi Shinsho 929

食料危機の未来年表

そして日本人が飢える日

高橋五郎

朝日新聞出版

はじめに

世界平和の時代が、こうも簡単に崩れるなどということをいったいだれが想像できただろうか。ロシアのウクライナ侵攻、北朝鮮の核開発の驚異的な進歩、くすぶり続ける中国の台湾侵攻——。一方、これも身勝手な人間社会が大いに関わっている気候問題も、世界を脅かす重大な危険因子になっている。

こうした現実の下で「食料問題」は、これまで考えられてきた以上に深刻な状況にある。なかでも日本人は、日々の食生活を平穏に送ることができているように見えながら、一皮むけば大部分の食料を輸入することなしには一日も成り立たない——本書ではそれを「隠れ飢餓」と呼ぶ——国であるのが現実だ。

人類全体が健康に生活するために必要な年間穀物生産量は、いまでも8億トンが不足している。世界の人口が100億人を超えると国連が予測する2059年には、不足量はさらに増え、14億トンを超えると予測される。その時日本の人口はいまより3000万人少ない9800万人ほどになると総務省は見ているが、国内の農業生産者と食料供給能力はいま以上に衰退している恐れがある。

世界の食料不足は今後も拡大しながら続き、このままでは世界の餓死者が年間100万人を超える時代が続くと筆者は見ている。

世界の国々を見渡しても食料自給能力が最低レベルの日本は、小麦・トウモロコシ・大豆・大麦・コメなどの穀物（副産物を除く）だけで毎年2500万トン（日本のコメ生産量の3倍強）を輸入している。食料が絶対的に不足するなかで各国の食料争奪戦が広がり、経済的強者が自らの飢餓を弱者に押し付けるという負の循環が世界を襲っているのが現実である。

なんらかの有事が起き、たとえば日本の周辺が海上封鎖されてしまうような事態に陥れば、海外からの食料供給は当然止まる。その時が来たとしても、日本の備蓄食料や流通在庫は数か月分もないのである。食料安全保障はますます重大さを増しているというのに国内生産はきわめて頼りない状況が続いている。

本書はこれらの問題を論ずるために、世界182か国の食料自給率を公開する（16〜19

ページ)。これは筆者が独自に算出したもので、実は世界でも初の試みである。

指標には「投入法カロリーベース食料自給率」と「タンパク質自給率」の2つを公開している。カロリーとタンパク質が人間の日常生活や生命維持にとって不可欠なことはいうまでもない。現在80億人の世界人口は、この2つの食成分をめぐって争奪戦の渦中におかれているのだ。そして、ここから問題の把握と背景にアプローチし、最後に対策論につなげる流れとした。

このような方法をとった理由は、一般的に知られる食料自給率は日本の農林水産省(以下、農水省)によるもので、現実を正確に反映しているとは言い難いということがまずひとつ。次に、多くの国は食料自給率を算出してはおらず、国際機関でも行なっていないからである(いずれも詳細は後述)。食料問題は自国のみならず世界規模で語られるべき事柄であり、各国を同一条件で比較するための方法が必要なのである。

この作業には、方法の検討から各国のデータがそろうまで数年の時間がかかったが、本書はそれを初めて公開する機会となった。

こうしたデータによって、日本・韓国・イスラエルなどの飽食でありながら輸入に頼り切った「隠れ飢餓」、コンゴ・ニジェール・アフガニスタンなどは飢餓状態でありながら高自給率（つまり不足を輸入で補うこともできない状態）という実態も見えてくる。

本書は、日本人、そして人類がこの苦境から抜け出すことができるとすれば、どのような協力や対策が必要なのかという点に紙幅を割いた。対策は思い切ったものでなければならず、具体的で実現可能なものでなければ意味がない。とはいえ悠長に構えられるほど、時は待ってくれるのだろうか。

食料危機の未来年表

そして日本人が飢える日

目次

第2章　国民が知らない日本の「隠れ飢餓」

第3章　現代の食料システムの限界

第4章 飢餓人口シミュレーション

第5章　世界の飢餓対策

序章

飢餓未来年表と世界の食料自給率

2035年	2030年	2025年	2023年	2022年	2020年	2019年	事　項
88億5千万人	85億人突破	81億5,600万人	80億4,500万人	80億人突破	78億500万人	77億2,500万人	世界の人口(1)
1億1,500万人	1億1,700万人	(日本人の平均年齢50歳超)	1億2,330万人	1億2,400万人	1億2,600万人	1億2,650万人	日本の人口(2)
35億7千万トン	34億4千万トン	32億3千万トン	31億5千万トン	31億1千万トン	30億3千万トン	29億9千万トン	世界の穀物生産(3)
1,111,930人	1,066,665人	1,105,000万人	1,117,350人	1,110,820人	1,129,700人	1,131,650人	年間餓死者数(4)
17億2千万人	16億4千万人	17億人	17億2千万人	17億3,300万人	17億3,800万人	17億4,100万人	世界の飢餓状態人口(5)
20%(買い負けで輸入減)	15〜16%	16〜17%	17〜18%		18%		本書・日本のカロリーB食料自給率(7)
	45%(政府目標)				38%	37%	政府・日本のカロリーB食料自給率(8)
25%(買い負けで輸入減)	20〜23%	23〜25%			27.1%		本書・日本のタンパク質自給率(9)
9億3,800万ha	9億800万ha				8億5,100万ha	8億3,200万ha	世界の穀物耕地面積(10)
東京最高気温45℃	+1.5℃	干ばつ面積拡大	南極のブラント棚氷分離	電力使用制限	平均気温+1.0℃	パリで42.6℃・北極で30℃	世界の温暖化(11)
37.5%	39.6%				43.8%		世界の農村人口比率(12)
平均年齢80歳酪農家が半減	80%	平均年齢70歳超		平均年齢68.4歳		70.2%	日本の65歳以上農業従事者(13)
肉価格急騰	穀物価格10年で1.5倍に	小麦価格上昇・卵1個40円	卵1個30円		小麦価格29円/kg		穀物価格(シカゴ先物価格)
コンビニのパン価格2倍に	缶詰価格急騰	生活物資輸入力低下	食料品価格上昇率5%	食料品価格急騰	欠食児童増加	熱中症死亡者多数	生活への影響
ゲノム編集食品商品化。中国GDPアメリカ超え。日本のGDP、8位に後退(G7脱退)。インドの食料消費、中国を超える。	日本の海外買い負け深刻。養殖魚50%超え(FAO)。SDGs目標は飢餓人口0。農地法形骸化(日本)。1ドル200〜250円も。	日本の海外買い負け広がる。中国の穀物自給率80%(中国の大学試算)本書試算では70%。タンパク質世界争奪戦激化。	ウクライナ小麦・トウモロコシ輸出減少続く。1ドル130〜150円。気温上昇さらに厳しさ増す。温暖化は「未来の領域」に。	WFP、飢餓人口8億人と推定(6)。	アメリカの食料輸入増加。浜松で41.1℃(歴代最高、同2018年熊谷)。	日本は既に隠れ飢餓に。(完全自給作物無くなる)世界穀物輸入総量の4.4%を輸入。	その他(14)

に貿易収支悪化から輸入減、自給率反転。(8)カロリーベース、農林水産省試算。(9)FAOデータから筆者試算。(10)FAO(22年以降、筆者推定)。(11)IPCC「1.5℃の地球温暖化」2018。1980年に対する上昇気温。(12)「国連人口統計」。(13)農林水産省「農業構造動態調査」実勢及び筆者推定。(14)国連・各種報道・諸情報に基づく。

未来の飢餓年表

2100年	2087年	2060年	2059年	2050年	2047年	2040年	2038年
103億6千万人	104億人	100億5千万人	**100億人突破**	96億9千万人	95億人突破	91億6千万人	90億人突破
7,400万人	8,000万人	9,700万人	9,800万人	1億400万人	1億600万人	1億1,100万人	1億1,300万人
31億トン	33億トン	36億1千万トン	36億1千万トン	36億6千万トン	36億7千万トン	36億8千万トン	36億5千万トン
2,804,750人	2,561,000人	1,892,150人	1,862,900人	1,572,350人	1,463,800人	1,194,050人	1,145,950人
43億2千万人	39億4千万人	29億1千万人	28億7千万人	24億2千万人	22億5千万人	18億4千万人	17億6千万人
				30%（途上国型の上昇）		25%	
				35%		30%	
			10億3,300万ha			9億6,900万ha	
		異常気象の地球化		+2.0℃	北極の氷半減・電気料金上昇	計画停電の常態化	洪水と干ばつ頻発
10%		20%		31.6%		35.5%	
農業従事者30万人							
	穀物価格急騰			穀物価格10年で1.5倍に		穀物価格10年で1.5倍に	卵1個100円も
				熱中症危険度更に上昇	コンビニからアイス消える	水力発電衰退	牛乳生産量減少
日本の人口2020年の40%減。日本のGDP世界35位に(OECD最少)。	世界人口のピーク。	日本人約3人に1人が65歳以上。外国人との共生社会へ(シンガポール化進む)。	穀物不足14億トン以上。世界のスマート農業常態化。	中国の食料自給率50%割れ。日本のGDP世界15位に。日本の隠れ飢餓ついに表面化。コメ生産量400万トン(半減)。実質農業集落2000年比10%に。農業生産量激減。	食料品価格急騰。日本人摂取カロリー大幅低下(平均2000kcal程度／日)。日本、高齢化社会から若返り社会へ。	日本財政苦境表面化。細胞肉商品化。世界の穀物生産ピーク。食料奪い合い激化。消費税20～25%。コンビニ閉店相次ぐ。	インドのGDP世界３位・食料消費量拡大続く。在住外国人人口増加。

注：太字は実績値。(1)「国連人口統計」。(2) 内閣府。(3)副産物を含む。2019年はFAO、以降は筆者推定。(4)WFP(23年以降筆者推定。飢餓状態人口の0.065%)。(5)必要食料を満たしていない人口。 FAOデータから筆者推定。(6)栄養失調・飢えにある人口。WFPは飢餓状態人口を含まず。(7)カロリーベース、FAOデータから筆者試算。2035年

各国の食料自給率（2020年）

	カロリーベース自給率(%)（全穀物・全畜産物）		タンパク質自給率(%)（59品目）	
1	ウクライナ	372.2	ウルグアイ	547.7
2	ガイアナ	233.9	アイスランド	540.3
3	パラグアイ	230.7	ラトビア	371.0
4	ウルグアイ	196.7	エストニア	323.7
5	カザフスタン	192.4	ウクライナ	321.6
6	ラトビア	190.6	リトアニア	302.6
7	リトアニア	185.2	パラグアイ	244.6
8	アルゼンチン	179.0	カナダ	241.8
9	ブラジル	175.2	ブラジル	227.5
10	オーストラリア	167.8	ブルガリア	222.4
11	カナダ	166.5	コモロ	221.8
12	ブルガリア	165.5	オーストラリア	221.4
13	エストニア	152.0	カザフスタン	205.3
14	セルビア	150.6	ガイアナ	202.6
15	ロシア	143.1	ルワンダ	198.4
16	フランス	122.3	キリバス	173.1
17	アメリカ	121.6	ミクロネシア	164.0
18	ハンガリー	117.9	クロアチア	161.1
19	ルーマニア	117.8	スロバキア	157.1
20	タンザニア	114.1	デンマーク	156.6
21	ミャンマー	109.2	チェコ	151.8
22	インド	106.5	セルビア	148.7
23	マリ	104.4	アメリカ	147.7
24	モルドバ	103.8	ナミビア	147.7
25	パキスタン	103.3	アルゼンチン	146.8
26	ラオス	103.1	ロシア	146.1
27	クロアチア	103.0	ハンガリー	145.5
28	マラウイ	102.8	フランス	144.6
29	カンボジア	102.0	ポーランド	138.0
30	ウガンダ	102.0	ルーマニア	137.6
31	ポーランド	101.5	モーリタニア	127.8
32	タイ	100.3	エクアドル	120.9
33	ザンビア	100.2	コートジボワール	118.0
34	ブルキナファソ	96.2	ミャンマー	117.2
35	南アフリカ	95.8	タンザニア	115.5
36	スリランカ	94.4	ニュージーランド	114.6
37	エチオピア	93.0	スウェーデン	114.1
38	チャド	92.6	ギニアビサウ	112.5
39	シリア	89.3	スリナム	111.9
40	スロバキア	89.3	マラウイ	110.7
41	スリナム	89.2	インド	106.8
42	チェコ	88.9	モルディブ	106.8
43	ニジェール	86.7	モルドバ	104.8
44	フィンランド	86.2	ニジェール	104.6
45	トルコ	86.2	ウガンダ	104.3
46	ベトナム	85.8	南アフリカ	104.0

	カロリーベース自給率(%)(全穀物・全畜産物)		タンパク質自給率(%)(59品目)	
47	ボリビア	84.6	ノルウェー	103.8
48	ネパール	84.3	ラオス	103.4
49	トルクメニスタン	82.8	ザンビア	101.7
50	ベラルーシ	82.6	フィンランド	101.6
51	バングラデシュ	82.2	オーストリア	99.9
52	インドネシア	81.8	セネガル	98.4
53	ブルンジ	81.6	ブルンジ	97.8
54	ナイジェリア	80.6	マリ	97.5
55	スウェーデン	79.6	カンボジア	97.4
56	キルギスタン	75.5	エチオピア	97.0
57	北朝鮮	75.2	ブルキナファソ	96.7
58	中国(本土)	74.6	ナウル	95.4
59	ギニア	74.3	チャド	95.4
60	デンマーク	74.0	ニカラグア	95.4
61	南スーダン	74.0	ソロモン諸島	94.4
62	コンゴ民主共和国	73.6	シリア	94.2
63	トーゴ	71.1	ベリーズ	93.2
64	モンゴル	69.4	ナイジェリア	90.6
65	カメルーン	68.7	中央アフリカ	90.3
66	ジンバブエ	67.8	ボリビア	90.1
67	ウズベキスタン	66.8	セントクリストファー	90.0
68	アフガニスタン	66.6	インドネシア	89.4
69	フィリピン	65.7	ギニア	89.4
70	ボスニア・ヘルツェゴビナ	62.0	パキスタン	88.9
71	エクアドル	61.5	ベラルーシ	88.9
72	中央アフリカ	61.4	スリランカ	88.9
73	ギニアビサウ	61.2	マダガスカル	87.9
74	ベリーズ	61.0	ネパール	87.7
75	ルワンダ	60.9	トルクメニスタン	87.6
76	ドイツ	60.7	ベトナム	87.4
77	アゼルバイジャン	59.5	ガーナ	87.0
78	ケニア	59.0	ベナン	86.6
79	イラン	58.8	バヌアツ	85.6
80	セネガル	58.7	北朝鮮	85.2
81	イラク	58.7	チリ	84.5
82	ベナン	57.9	カメルーン	84.2
83	シエラレオネ	57.6	キルギスタン	84.1
84	ガーナ	56.7	アゼルバイジャン	83.1
85	スペイン	55.4	トルコ	82.5
86	アルバニア	54.9	南スーダン	81.4
87	オーストリア	54.5	モザンビーク	81.3
88	スーダン	50.7	コンゴ民主共和国	80.9
89	ニカラグア	50.6	ケニア	80.7
90	コートジボワール	50.1	スロベニア	80.5
91	メキシコ	46.4	ドイツ	79.9
92	タジキスタン	48.3	ルクセンブルク	79.2

	カロリーベース自給率(%)(全穀物・全畜産物)		タンパク質自給率(%)(59品目)	
93	北マケドニア	47.0	ペルー	79.0
94	モザンビーク	45.8	スーダン	78.8
95	エジプト	44.9	ジンバブエ	78.4
96	ノルウェー	43.5	トーゴ	77.6
97	東ティモール	41.8	タイ	76.6
98	イギリス	41.1	ボスニア・ヘルツェゴビナ	75.9
99	アンゴラ	40.4	シエラレオネ	74.6
100	ニュージーランド	40.2	バングラデシュ	74.3
101	イタリア	39.2	ウズベキスタン	73.5
102	ベネズエラ	37.1	フィリピン	73.0
103	ペルー	36.8	アフガニスタン	68.9
104	グアテマラ	36.5	中国(本土)	68.5
105	ギリシャ	34.8	北マケドニア	68.4
106	エルサルバドル	33.3	アルバニア	66.2
107	スロベニア	32.6	アンゴラ	65.8
108	ブータン	32.5	アイルランド	65.4
109	ホンジュラス	32.2	イラク	64.8
110	コロンビア	30.9	イラン	62.6
111	リベリア	28.9	ガンビア	62.0
112	スイス	28.7	スペイン	61.5
113	モーリタニア	27.5	セントビンセント	61.5
114	パナマ	26.5	ドミニカ	60.5
115	グルジア	26.5	パプアニューギニア	58.8
116	アイルランド	25.7	グアテマラ	58.6
117	ナミビア	24.9	タジキスタン	57.6
118	ドミニカ共和国	23.8	イギリス	57.5
119	ルクセンブルク	23.7	ギリシャ	56.6
120	アルメニア	22.8	サントメ	56.5
121	チュニジア	22.8	ブータン	54.8
122	エスワティニ	22.6	グルジア	53.6
123	チリ	22.3	東ティモール	53.1
124	レソト	22.2	メキシコ	53.0
125	ボツワナ	20.5	ホンジュラス	51.8
126	アルジェリア	19.5	イタリア	51.0
127	モロッコ	19.1	エルサルバドル	51.0
128	日本	18.0	コロンビア	48.7
129	マレーシア	17.3	ベネズエラ	48.4
130	ベルギー	16.9	エジプト	46.7
131	コモロ	15.9	スイス	45.7
132	ハイチ	15.3	リベリア	44.3
133	韓国	13.9	フィジー	41.3
134	台湾	13.7	オマーン	41.2
135	ガンビア	11.8	パナマ	40.6
136	ポルトガル	11.3	モロッコ	40.5
137	キューバ	9.6	ドミニカ共和国	40.2
138	レバノン	7.9	サモア	39.7
139	キプロス	7.8	アルメニア	38.9
140	オマーン	7.2	ガボン	38.6

	カロリーベース自給率(%) (全穀物・全畜産物)		タンパク質自給率(%) (59品目)	
141	コスタリカ	6.3	チュニジア	37.0
142	サウジアラビア	6.3	レバノン	37.0
143	ニューカレドニア	6.3	ベルギー	36.8
144	イエメン	6.2	ハイチ	35.8
145	ガボン	6.1	ボツワナ	34.4
146	リビア	5.3	エスワティニ	34.2
147	アイスランド	5.2	韓国	32.9
148	オランダ	4.7	バハマ	32.5
149	フィジー	4.3	マレーシア	31.6
150	イスラエル	4.2	アルジェリア	30.1
151	ヨルダン	3.0	レソト	29.9
152	ソロモン諸島	2.8	カーボベルデ	29.3
153	コンゴ	2.4	ポリネシア	28.1
154	サントメ	2.1	コンゴ	28.0
155	パプアニューギニア	2.0	日本	27.1
156	バヌアツ	1.7	グレナダ	22.8
157	モンテネグロ	1.6	キューバ	21.2
158	セントビンセント	1.3	コスタリカ	21.2
159	トリニダード・トバゴ	1.0	台湾	20.0
160	クウェート	0.8	ニューカレドニア	19.4
161	マダガスカル	0.8	イエメン	17.1
162	バハマ	0.4	ポルトガル	16.9
163	ジャマイカ	0.2	オランダ	16.8
164	アラブ首長国連邦	0.2	リビア	16.5
165	モーリシャス	0.2	ジャマイカ	16.2
166	カタール	0.1	キプロス	16.2
167	キリバス	0.0	アンティグア・バーブーダ	14.9
168	ミクロネシア	0.0	サウジアラビア	12.6
169	モルディブ	0.0	モーリシャス	10.7
170	ナウル	0.0	イスラエル	10.1
171	セントクリストファー	0.0	ヨルダン	10.1
172	ドミニカ	0.0	セントルシア	9.7
173	サモア	0.0	モンテネグロ	8.8
174	カーボベルデ	0.0	トリニダード・トバゴ	7.9
175	ポリネシア	0.0	ジブチ	7.3
176	アンティグア・バーブーダ	0.0	マルタ	6.1
177	セントルシア	0.0	バーレーン	6.0
178	ジブチ	0.0	クウェート	5.0
179	マルタ	0.0	アラブ首長国連邦	4.3
180	バーレーン	0.0	バルバドス	3.7
181	バルバドス	0.0	カタール	3.4
182	セーシェル	0.0	モンゴル	0.7

出典:FAOSTATに基づいて筆者試算。試算方式は239ページ参照。
注:FAOSTAT非掲載国やデータ欠落国を除く。

飢餓へのカウントダウン

21世紀は食料生産技術の進歩、食料物流機能の拡充などが見られる一方、世界的有事、気候危機、人口爆発、パンデミックの多発、農村の都市化、農業就業人口の減少、生産コスト圧力、耕作放棄地の増加、地政学的対立などによって食料危機は深まり、ついには飢餓が世界規模に拡大する世紀となることがほぼ確実である。

主な項目に絞った冒頭の年表の名称に、「飢餓」という文字を織り込んだ理由である。この年表は２０１９年から２１００年までの約80年間、全世界が単なる食料の不足から飢餓に陥っていくプロセスの時間軸を描いた。

飢餓は地球上のあらゆる国や地域で起きていることで、アフリカやアジアだけに起きていることではない。たしかに飢餓の悲惨な現象が報道されるのはこれらの国や地域についてだが、本書がいう「隠れ飢餓」にも注目しなければならない。

この年表は２０４０年以降には穀物生産量の増加が頭打ちから減少へと転じるであろうこと、そして、年間１００万人の餓死者を生み出し続けるであろうことを示している。人間社会はこれまでと異なる食料システムへの革新に挑戦しなければならないことを知っていただければ幸いである。なお、これまでと異なる食料システムについては、本書の後半部分で詳しく取り上げる。

最も大事なことは「食料生産の国際分業と自由貿易に任せれば食料がまんべんなく世界に届けられる」という考え方が、世界の食料が絶対的に不足する現状では幻想であることを再認識し、各国が少なくともカロリーベースで見た場合の食料の必要量の何割かを自国で確保できるようにすることである。その割合は、個々の国がミニマム自給率を定め、これを元に割り出すのがよいであろう。

世界には小麦やコメなど、約10種類の穀物があるが、自然環境や土壌の様子などが制約してそのいずれも生産できない国は北緯60度以北に立地するごく一部の国以外にはない。あとの大部分の国がミニマムの食料確保ができるかどうかは、生産コストや労働力などを含む農業技術次第である。この面の改善や普及を自由な市場経済に任せるだけでは無理があり、国連や各国政府の統一された計画性や個別の政策による指導や生産倫理が必要になろう。

全人類的な飢餓へのカウントダウンの幕が切って落とされた時代に、我々は生きていることをぜひ知っていただきたい。

最初に、特に注意しなければならない危険因子を数点に絞って述べていきたい。

①気候変動による生産量の低下

飢餓へとつながる食料危機の大きな原因として、まず地球の気候変動が挙げられる。最新の気候変動に関する科学的知見を分析し、各国の政策立案者や関係者にデータを提供する組織がIPCC（気候変動に関する政府間パネル）だ。IPCCは5〜6年ごとに気候変動に関する研究結果を評価し、「評価報告書」として公表している。2021年に公表された「IPCC第6次評価報告書」では、「人間の影響が大気・海洋及び陸域を温暖化させてきたことには疑う余地がない」と断言しつつ、気候変動に関して、次のようにまとめている。

●世界平均気温が、工業化以前（1850年）と比べて、2011〜2020年には1・09℃上昇
●陸域では海面よりも1・4〜1・7倍の速度で気温が上昇
●陸域では1950年以降、大雨の頻度と強さが増加

●世界の平均海面水位は1901〜2018年の間に20センチ上昇

気温の上昇によって地表の水分が奪われることで砂漠化や干ばつ、あるいは気候変動による収穫量の激減など、食料危機に繋がる無数のリスクが広がっている。また海面の水位が上昇し、海水が田畑や井戸水へと浸入することで、農地が不毛になる恐れがある。

日本の農研機構と国立環境研究所、そして気象研究所が2018年に公表した研究結果によると、穀物の過去30年間（1981〜2010年）の世界全体の平均収量は、地球温暖化によってトウモロコシ・小麦・大豆の平均収量がそれぞれ4・1%、1・8%、4・5%、低下していた。

予測は研究機関などによってバラツキはあるものの、いずれにしろ、地球温暖化による影響には専門家の予想をも上回る懸念がある（**詳細は第4章**）。

筆者自身も中国各地の年間気温を調べたところ、気温は確実に上昇しており、中国気象局も水田地帯を襲う干ばつや各地で頻発する洪水との因果関係を指摘している。中国でも見られる気候危機は、穀倉地帯で最初に大きな影響となって現れているようだ。ここ数年、季節外れの黄砂が日本を襲い、本来は青天のはずがどんよりした曇り空のような天気が続くようになった理由としては、中国の大地の乾燥と農地土壌の劣化、大陸を襲う気圧変化の異常などが考えられている。

②人口急増による需要増大

気候危機や農業の担い手の不足などの問題がなければ、人口増加はさしたる問題ではなかったはずである。「食料生産の伸びは人口増加の伸びにかなわない」とする、有名なマルサスの人口論が誤りであることに変わりはない。

ところが気候危機のような食料の需要と供給のバランスをゆがめる現象が起こると、人口問題を無視することはできなくなってきていることも事実である。

2022年に80億人を超えた世界の人口は、国連の中間的な予測では2059年に100億人を突破する見通しだという。穀物生産の減少を予測する気象学者の予見にしたがえば、一人当たりに分配される穀物の量が減少することは不可避の情勢である。

しかも人口増加が一部の途上国や中進国の所得の向上を伴って進むとき、エンゲル係数の低下や1日当たりの所得がまかなう食費の割合の低下などを通じて、世界の食料需要が実際に増える傾向が予想される。

③有事による供給分断

世界の地政学的な勢力地図はアメリカを頂点とする西側諸国、中国を頂点とするロシア・北朝鮮・旧ソ連のロシア陣営という東西2つに分断され、これらの中間に位置するインド・ブラジル・インドネシア・南アフリカなどグローバルサウスといわれる第3極が存在感を増している。

以前から方々でくすぶり続けてきた地球の平和を揺さぶろうとする動きは、ここへきて、ロシアのウクライナ侵攻・北朝鮮の核大国への脱皮・中国の世界制覇の勢い・アメリカからの離反を進める中東と中南米などの動向から活発さを加えている。

ロシアとウクライナによる戦争では、世界の穀物輸出シェアで小麦1位のロシアと5位のウクライナが戦争当事者となった。トウモロコシでも4位と上位にあるウクライナは2020年に小麦約1800万トン、トウモロコシ約2800万トンを世界に向けて輸出していた（AMIS農業市場情報システム・2011年のG20で設立）。

穀物貿易年度で区切った22～23年では、小麦の世界貿易は輸出・輸入とも前年をわずかだが下回った。トウモロコシは両年とも、ロシアの侵攻前の水準を5％程度、量にして1

000万トンほど下回った。ただしトウモロコシは世界で年間11億トン以上が消費されている。今回の戦争に限ると、そこから受けた影響は、数字上1％ほどではあったが、穀物が世界規模で絶対的に不足する今日ではすぐさまフードメジャーや市場を刺激し、少しの供給減少が穀物価格の大幅な上昇を招くなどを通じて食料不足国に影響をもたらした。すでに絶対量が不足している中ではこうした有事における供給、流通面の危機がいっそう懸念される。

アメリカを中心とする西側が血眼になって「経済安全保障」と騒いでいる半導体やレアアースのサプライチェーンが多少滞ったところでヒトが餓死することはないが、食料サプライチェーンの分断が世界に及ぼす影響は甚大だ。

現在進んでいる東西の分断が止まないかぎり、世界規模の有事が起きる不安は拭いきれない。核戦争などという災難が起こるまでにはいかずとも、その危機が訪れるだけで、いまでも不足する食料が世界の基幹的なサプライチェーンから消えることは容易に想像できる。このような事態こそが現代の食料危機の一つの姿でもある。

日本は「隠れ飢餓」の国

食料危機と飢餓の本質を伝えても、日本に住む多くの人にとっては、どこまでも他人事だろう。確かに、新型コロナウイルスやロシアのウクライナ侵攻における穀物価格、エネルギー価格の高騰などで、食材の値上げのニュースを日常的に見聞きするようになった。しかし、スーパーマーケットに行けば、価格が高くなっただけで、食料自体は豊富にある。街を歩いていても、食事をする店に困ることはない。このような状況の中で、飢餓に苦しむことなど想像もできないことはうなずける。

しかし、日本にも飢餓問題に直面する時がひたひたと迫っている。2023年の初頭にはコオロギ食に関する話題が取り沙汰されたが、もとを正せば世界の人口を賄うためのタンパク質の不足がその発端だった。また、輸入国の間で食料の争奪戦が起こり、ここ数十年間、経済的成長のない日本は世界の舞台で食料の「買い負け」の状態にある。「飢餓」という単語を、自分事として捉える人は多くはないだろう。しかし、食料危機に苦しむ人々に、我々日本人が加わらない保証はない。第2章で詳しく述べるが、日本ではカロリーベースの食料自給率が著しく低いことがその端的な理由だ。

カロリーベース食料自給率とは、「ごはんやパンなど食品としての姿か、コメや小麦など素材のままの姿であるかを問わず、消費（供給）されたすべての食料をカロリーに換算した後、そのうちどれくらいが純粋に国内で生産されたものか」を示すモノサシだ。

たとえ国内での生産がゼロ（自給率がゼロ）であったとしても、必要な食料を他国から買ってくる経済力があれば日常の食事に事欠く不幸に陥ることはない。裏を返せば、輸入ができなくなればたちまち食料危機に襲われるということだ。これは飢餓という危機が隠されている、いうなれば「隠れ飢餓」と呼べるもので、その意味で食料自給率は、国民への啓発とフード・ポリティクスの方向性を決める要素としては機能するだろう。

農水省が発表している最新（２０２２年）の日本のカロリーベース食料自給率は38％である。農水省によれば、Ｇ７ではカナダ、アメリカ、フランスが１００％を超えており、50％を切っているのは日本だけだという。この試算が物語ることは、日本は圧倒的な食料輸入国、紛れもない「隠れ飢餓」だということである。

人類全体の食料自給率は85％

ここで紹介した日本や他国の食料自給率として報道などで見かける数値は、日本の農水省が独自に試算したものである。各国が独自に発表しているものもあるが、農水省が日本の自給率計算の方式とは異なる方式で試算したものが大部分である。そもそも自国の食料自給率を算出し公表している国はほとんどないのである。自給率に問題のない輸出大国や、逆に輸入することのできない貧しい国においては、その数値に対する重要度が低いからであろう。

つまり自給率が低く、多くを輸入することで食料を賄っている「隠れ飢餓」の国において特に重要なモノサシとなってくるのが食料自給率なのである。それは主として日本や韓国、東アジア、ヨーロッパの一部の国が該当する。また、自給率が表面的には高いのに、実際は飢えに苦しむ多くの国々の実態も見えてくる。

本書は実態をより正確に把握できる「投入法カロリーベース食料自給率」と名付けた方法で、冒頭に掲載した各国のカロリーベース食料自給率を試算したが、これによると、日本の食料自給率は農水省の試算数値よりも20％も下回る18％（カロリーの大部分を占める穀物と畜産物）であった。まさに深刻な危機といえる状態なのだ。

また、より実態に近づけるためにさまざまな検証を重ね、カロリーベース食料自給率とは別に、人間の三大栄養素、炭水化物・脂質・タンパク質のうち、特に重要なタンパク質についても各国の自給率の算出を試みた。

だから本書における「食料自給率」は、ことわりのない限りすべて筆者の提唱する「投入法カロリーベース食料自給率」と「タンパク質自給率」によるものである。「投入」の意味については第2章および巻末の「本書主要データの根拠について」を参照していただきたい。これによりはじめて、世界各国のカロリーベースとタンパク質、2つの成分を基準とする食料自給率を統一の方式によって明らかにすることができたのである。

詳しくは後述するとして、2022年の世界全体の筆者試算のカロリーベース食料自給率は85%、つまり「人類全体が食料不足」の状態にあるということだ。食料危機は地球レベルの問題として捉えなければならないことがわかるだろう。国連は2030年には世界の餓死者をゼロにするという目標を立てているが、非常に厳しい、というより現状のままではとても不可能と言わざるを得ない。

なぜなら各国の食料自給体制の改善が足踏みするうえに、気候危機や人口増加など食料生産に関わる地球規模の問題や、生産大国による農地や穀物生産の支配、経済大国による買い占め、フードメジャーによる市場支配など、さまざまな思惑が複雑に絡み合っているからだ。

この難問の解決に取り組むには、なにはともあれ世界の食料を取り巻く実態を知ることが先決であり、それなくしていかなる正しい飢餓対策（これは後述するが、国際、国家、民間すべての階層での対策が必要となる）も成り立たないであろう。いうまでもなく、「隠れ飢餓」にある日本人も、より正確なデータを通じて、危機の実態とその是正を本気で考えなくてはならない時が来ている。

第1章

飢餓の世界化

食料危機は世界の現実

「食料危機」というと、アフリカやアジア、南米の貧しい国の出来事であり、いまの日本には無縁だと考える人も多いだろう。しかし、それは事実誤認以外のなにものでもない。G20に参加する日本や韓国などの主要先進国・新興国においても例外ではなく、見えないところで起きている食料危機の広がりを知らずして、問題の本質は見えてこない。

人口問題の専門家と自任する、ある公職者は、「今は国際社会の協力で食糧が確保され、肥満が問題になることさえあります」（「朝日新聞」2023年7月29日朝刊「Ｑｕｅｓｔｉｏｎ」欄掲載記事）と話す。驚くべき無知というほかない。ＷＦＰ（国連世界食糧計画）は貧困国で起きている肥満を食糧不足からくる栄養不良の一種としており、先進国などの肥満との異質さを指摘している。この人は世界の多くの地域で飢餓に苦しんでいる事実に背を向けているのだろうか。

実際の具体的な数値を見てみよう。たとえば、２０２1年の世界の4大穀物（小麦・コメ・トウモロコシ・大豆）の生産量は28億７０００万トン（ＡＭＩＳ）である。のちほどもふれるが、世界人口80億人が生きるために必要な最小限の量を満たそうとするだけで、あと8億トン程度がすでに足りていない。

また、世界の人口はまだまだ増え続けるので、穀物の不足は今後さらに深刻になろう。世界人口が100億人に達する2059年、気候変動や地域紛争、所得水準を上げた国々による食料の買い付けなどによって、不足量は14億トン以上にも達すると予測される（序章の「未来の飢餓年表」参照）。

数字を突きつけられても、実感できないかもしれない。その原因として、食料危機の定義が曖昧であること、世界と各国の食料不足量がどこからも発表されたことがないなどが壁になっている。

たとえば、飢餓や食料危機におかれた国の実態調査や、食料不足の国に対しての食料提供、食料供給システムの安定化を目指す人道支援団体であるWFPは、人が「慢性的な飢餓の状態にある」ことを食料危機だとしている。その定義は的外れとは言えないが、漠然としすぎており、また、飢餓の存在範囲を個人の胃袋具合に絞りすぎてはいないだろうか。

食料危機についての現在の一般的なとらえ方は、飢えている人や餓死者がどの国や地域に存在しているかばかりに目が向けられるが、地震が地球レベルの地殻変動の現象であるのと似て、原因が特定の国や地域に限られるわけではない。

食料が絶対的に不足しているなか、世界は一部の輸出国と多数の輸入国に分かれており、各国への平等な分配を実現することは不可能にせよ、国際格差の是正が必要であるが、食料を利益の源泉とする優勝劣敗市場主義がその障壁となっている。国連の食料政策や各国の食料調達政策は、市場原理の調整に動くべきなのに経済活動不介入主義を貫くあまり、有効なものとはなっていない。

日本が飽食でいられるのは、海外から食料を買える経済力がいまのところあるというだけのことだ。厳密に見ると食料危機に瀕していないのは、ウクライナ、アメリカやカナダ、オーストラリア、フランス、ブラジル、ロシアなど、自給率が100%を超えるわずかな国だけだ。世界中のあらゆる国が、食料を自給できるだけの土地を持ち、優秀な農業経営技術者を育て、農業機械に種子や人工肥料を十分に用意できればよいが、現在の条件では非現実的と言わざるをえない。

また、カロリーベースで自給率100%を超えていたとしても、穀物や畜産物だけではなく、バランス良く栄養を摂るためにはさまざまな栄養成分が必要になる。しかし世界の食料供給網に参画できない国の人々は、どうしようもない飢えに苦しめられる。

現実として世界の食料供給量に限界がある以上、輸入による奪い合いが起きれば、さらに飢える国が生まれる。輸入に依存する経済的に豊かな国々が買い占めると、買えない国の飢えを加速してしまうのが現実である。食料生産力を高める余地がある国はその努力をしなければならず、それは自国のみならず国際社会としても重要な課題なのである。

食料危機の定義

(1) FAOの場合

国連にはWTO(世界貿易機関)、WHO(世界保健機関)など専門機関と関連機関が20(世界銀行などグループを1つと数えた場合)あるが、世界の農畜産業や食料の現状および改善の方向性を扱うのがFAO(国連食料農業機関)である。

国連加盟国から農業に関係するさまざまなデータを集め、統計として公表することも中心的な仕事の一つである。いわば、国連加盟国196か国の食料情報を一手に握る点でも非常に重要な機関がFAOである。統計を含む食料情報はそれぞれの事情に応じて各国が持っているが、統一された基準でまとめたものをFAOが握っている。この統計は本書も大いに活用しており、図表の出所にFAOSTAT(FAO統計)としてあるものがこれに該当する。

ではFAOは食料危機や飢餓をどのように定義しているかといえば、これが実に曖昧なのだ。具体的には次のように、「食料不安」を「不安」の程度で区分する方法を取っているだけである。

①「軽度の食料不安」
②「中程度の食料不安（健康な食事を得るための金銭や手段が不足、食料確保が不確実、食事を抜くことがある状態）」
③「深刻な食料不安（年間を通じて、食事にありつけない状態）」

本書はこのような分類に、重要な意味があるとは思えない。確かに③の最悪の程度であれば明確に食べるものを失った状態に陥ることを指し、その最悪の状態である飢餓人口として FAOは8億2800万人、世界人口の10・5%としたこと自体には意味がないとはいえない。

ただ、それ以外の「不安」は主観や個々人の状況でしかなく、本来は客観的な範囲と定量的な基準があって、そこでの評価でなければ定義として用いることはできないだろう。

なお、ＦＡＯのさまざまなレポートを読んでいると、「飢餓」「食料不安」「栄養不足」などの用語の使い方が統一されていないことにも気付く。

（2）ＩＰＣの場合

また、国連機関や非政府援助団体などによって作成されたＩＰＣ（総合的食料安全保障レベル分類）は、食料不足（摂取カロリー不足）の深刻度を5段階で分類する方法を提唱している。

フェーズ1　食料が十分にある状態：安定して1日2100キロカロリー以上の食事をとれる状態

フェーズ2　食料不安にある状態：2100キロカロリー程度にとどまり、必要な食料をかろうじて維持できる状態

フェーズ3　急性食料不安にある状態：必要不可欠な財産を売るなど、極端な努力をすることでしか食料を確保できない状態

フェーズ4　人道的危機にある状態：人口の15〜30％が急性栄養不良で、飢餓による

フェーズ5　飢餓：1日当たりのカロリーが極端に減少し、1万人のうち少なくとも2人が餓死または飢餓と関連する病気で死亡する状態

　死亡の危険性がある状態

　IPCの場合、具体的な数値が示されている点で前出のFAOの定義よりも妥当なものといえよう。ただし、なぜ2100キロカロリーなのかは示されておらず、カロリー以外に必要な栄養素が無視されているなどの点から不十分と言わざるを得ない。

「食料を得るために財産を売ってしまったらその先の生活手段はどうなるのか」

「なぜ餓死が人類の0・02％以上だと最悪のフェーズなのか」

といった疑問も残る。なにより、「食料が十分にある状態」を自給ができていることを指すのか、海外依存状態も含むのかについての説明が抜けている点は問題だろう。

　IPCフェーズによる食料不安・飢餓の定義は、表面的な食料危機、いわゆる「見える飢餓」に限ったものであり、多くの先進国を襲う、「隠れ飢餓」は考慮されていない。

（3）本書の定義

そこで本書では、まずは食料危機を次のように定義したい。

「世界またはある国・ある地域が生命維持と社会活動に必要な2400キロカロリーや栄養成分を含む食料を供給できていない状態（見える飢餓）、またはそれらの供給の大部分を他国・他地域に依存している状態（隠れ飢餓）」

一国の食料危機は、世界の普遍的な食料危機と同じことなのである。

また、日本語で「飢餓」や「飢え」というと、食料がなく、いまにも命を落としそうな危険な状態をイメージする人が多いだろう。しかし、この2つの言葉は、実際に餓死者が出たり、餓死寸前の状態にあることだけを指すわけではなく、日常生活に支障が出るほどのカロリー不足や栄養不足が慢性的に起きていることも指している。

その客観的な数値はというと、1人の現代人がさまざまな日常生活を営んでいくうえでカロリーは1日当たり2400キロカロリー、タンパク質は最低50〜60グラムその他さまざまなビタミン、脂質、塩分などが不可欠だとされている。

だから「飢餓ではない」状態は、この最低基準を自国産の食料で満たしている状態を指すと考えるべきである。

なお、脂質、炭水化物（糖質）、各種のビタミンも同様の基準があるので重要なことに変わりないが、これらはカロリーとタンパク質を計ることで付随して見当をつけることができる。

また、カロリーや栄養素の必要量は平均値を用いており、詳細に見れば性別・年齢・健康状態・労働強度・自然環境などに応じて変動する。日本やアメリカ、その他の先進国政府はこうした属性ごとにきめ細かな基準を設けている一方、多くの途上国では明確な基準を設けていない場合もあり、実態がつかみにくい。この場合、ＦＡＯの統計が有力な情報として参照できることを補足しておこう。

ＷＦＰやＦＡＯの飢餓・食料不安の定義は「隠れ飢餓」については視野にも入れておらず、食料危機が起こる理由についての言及も狭くなりがちである。

途上国は国際援助によって食料不足の一部を補っているが、国内生産量が不足しているという意味では先進国の「隠れ飢餓」と同様であるともいえる。

なお、食料を自給できない理由と食料不足の理由は同じではないことが多い。自給できないのは食料生産構造に主な理由があるが、食料不足は輸入できないという国民経済の脆弱さから起こる問題でもある。

いずれにしろ食料自給率が低レベルの国々は、国際市場に出回る食料が減れば、経済力や被援助力があったところで手に入る食料も減るだろう。そして、すでに何度も述べている通り、世界的な食料不足は確実に加速していく。

したがって本書の定義したところによると、食料危機は一部の食料輸出国を除き、ほとんどの国にかかわる問題なのである。

にもかかわらず「隠れ飢餓」の先進国では、食料不足が隠されているがゆえに現実と実態に乖離が生まれ、カロリーもタンパク質も十分に摂取でき、それどころか食べ過ぎからダイエットに苦労するようなことさえ起こる。

世界レベルで食料が不足するかぎり、隠れ飢餓国における満腹が他者の空腹と引き換えで成り立っている事実は、無視も軽視もできないだろう。

人類が必要とするカロリー＝穀物の量は？

さて、本書が定義した「生命維持と社会活動に必要なカロリー」について、もう少し詳細にみていこう。ヒトが必要とする平均的なカロリーは前述の通り1日当たり2400キロカロリー程度だ。しかし世界規模では実現できていない。だから「見える飢餓」が起きている。

食料危機をカロリー危機に置き換えると、十分に見えなかった真実が見え出してくる。世界には、食生活や体格など以外の理由からも、カロリー危機とその摂取格差が存在する。実際、国民が1日に摂取している平均的なカロリーには国ごとの格差がある。1人1日当たり摂取量で比べると、数値のはっきりしている世界189か国のうち最大、最少、日本・中国・韓国は次の通りである（2021年、FAO、単位キロカロリー）。

最大	カタール	2686
最少	ドミニカ	1885
日本		2418
中国		2441
韓国		2461
世界平均		2363

最少のドミニカと最大のカタールには1・4倍の開きがある。ドミニカ以外にも1000台の国は多数あり、2000をわずかに超える国にブルンジ・アンゴラ・コンゴ・タンザニア・モザンビークなどアフリカ諸国が並ぶ。カロリー摂取の危機といえる状況が厳然と存在しているのが世界の現実である。

世界平均の2363に対し、日本と中国はやや多く韓国は100ほど多い。この3か国に大きな差はないが、微妙な差は食生活や体格差などによるといえよう。日本の厚生労働省が定める日本人男女（30～49歳・活動レベルが中クラス）の1日当たり必要カロリー基準は女性2050、男性2700である。

日本人全体の摂取量はFAOの統計では右の通り2418だが、農水省の試算統計では、世界平均を下回るナミビア・カンボジア・カメルーン並みの2265キロカロリー（2021年、農水省「食料需給表」）で、試算方法については脇に措くとして、高齢化や経済格差の拡大などを反映するためか毎年微減している。

カロリー摂取量は、国民1人当たりGDPの大小とも密接に関連しているのだ。摂取量が最大のカタールのそれは5万8144ドル、最少のドミニカは7038ドル、世界各国の平均は1万6500ドルである（2020年、世界銀行）。

豊かな国民ほど、カロリー豊かな食事を満喫し、貧しい者ほどカロリー不足が起きている現状は、世界的な所得の貧富の差を縮小する必要性を改めて浮き彫りにしている。

さて、2400キロカロリーの摂取の仕方には国民差や個人差があるが、現代ではその大部分を穀物、畜産物から摂取するのが一般的となっている。そして、飼料要求率という指標を使うと穀物を飼料とする畜産物の重量は穀物の量に置き換えることができるので、カロリーは穀物量としてほぼ表すことができるのだ。もちろん、野菜や果実を食べることは大事だが、カロリーは少なく、多くの魚介類も、穀物・畜産物ほどではない。

そこでこまかな計算を省くと、現代人の生命維持と社会活動に必要なカロリーを穀物（畜産物を飼料で換算したものも含む）に換算した場合、年間必要量は大体のところ441キログラムとなり、これに食料以外の用途も加えると「500キログラム」となる（算出方法は巻末「3飢餓なき世界の年間1人当たり穀物必要量500キログラムの根拠」を参照）。

「日本人が実際に摂る穀物は年間150キログラムだから、世界80億人が食べるには十分の穀物がある」とする意見があるが、これは正しくない。

ここでいう穀物150キログラムとは、コメ・うどん・パンなどの穀物を原料とした食品だけである。肉・卵・牛乳・バターなどの畜産物の飼料などの間接的に摂取している穀物や、備蓄・工業原材料向けなどの実際に消費されている穀物が無視されている。

しかも、年間150キログラムの穀物を食べることは、1日当たりでは約400グラム、カロリー換算にすると約1400キロカロリー（穀物1キログラム当たり平均3500キロカロリーで計算）であり、1000キロカロリーも不足していることになる。

もし、穀物食品だけでカロリーを充足させるならば必要量は250キログラムになるが、現代人の食生活では畜産物が不可欠な食料になっているため、この仮定には現実的な意味はないだろう。

国連の調査によると、2400キロカロリーのうち約6割の1410キロカロリーを穀物が大部分を占める食料、約4割の940キロカロリーを畜産物が大部分を占める食料から、残りのわずか50キロカロリーを魚介類や青果物から摂取しているのが実態である。

以上のことから、穀物一人当たり年間500キログラムが、「飢餓のない世界」の基準となる。

しかし、実際はこの500キログラムを自前で確保できる国は非常に限られている。というのは、世界の人口80億人強が直接食べる必要量を満たすには35億2800万トンの穀物生産が必要になる勘定なのだが、実際の生産量は27億トン（2022年、米国農務省）で、約8億トン不足している。穀物8億トンは80億人強の人口1人当たりでは100キログラムである（算出方法は巻末資料「**2**不足する穀物8億トンの根拠」を参照）。

穀物消費量でみる4つのタイプ

もし、穀物（食品）だけで必要カロリーを満たすのであれば1人当たり年間に必要な量は250キログラムである。だが、実際の食生活においてはカロリーの4割を畜産物から摂っている。この畜産物を育てるために必要な穀物は、ヒトが食べるよりも圧倒的に多く、それゆえに、必要穀物量は結果として500キログラムとなってしまう。

そこで、年間1人当たりの「穀物消費量」を調べてみた（**図表1**）。「穀物消費量」とは、国産穀物、畜産物の飼料を含む輸入穀物の合計である。つまり、自給、輸入にかかわらず国内に供給されている穀物の量である。ここで500キログラムを超えていれば、さきほどみた食生活をしながら十分なカロリーを摂取するのに全く問題はないということになる。

世界180か国あまりの国を調査したところ、いくつか特徴的なタイプに分類が可能で、図表ではその代表的な国を抽出している。また、期間は1965年以降、10年間隔で20

図表1　穀物消費量500kg以上・以下の国

（総合使途:kg/人）　GDP／人

事例国	1965	1975	1985	1995	2005	2015	2019				(2019)
アメリカ	876	840	1,007	983	1,121	1,274	1,253	輸出国			64,949
中国(大陸)	203	220	219	309	312	480	507	純輸入国	輸入充足国		10,196
韓国	218	285	348	445	386	444	440	純輸入国	輸入充足国	畜産物輸入大	32,235
フィリピン	159	189	199	213	231	317	352	純輸入国	輸入不足国		3,485
日本	247	301	346	336	299	305	315	純輸入国	輸入充足国	畜産物輸入大	40,586
ブルキナファソ	189	186	182	262	153	258	266	純輸入国	輸入不足国		787
ケニア	186	183	151	134	133	161	159	純輸入国	輸入不足国		1,913
アンゴラ	80	92	67	37	97	140	156	純輸入国	輸入不足国		2,810
アフガニスタン	353	288	289	193	132	105	83	純輸入国	輸入不足国		497
コンゴ	23	35	57	49	56	56	76	純輸入国	輸入不足国		2,328
中央アフリカ	48	46	50	54	63	29	27	純輸入国	輸入不足国		468

出所：FAOSTATから筆者作成。
注：①輸入充足国とは必要量を輸入で充足できる国。
②500kg未満の国のうち日本・韓国などは、500kgに不足するものを畜産物として輸入。
③同不足国とは、外貨不足等から必要量を輸入できない国。
④GDPの単位はドル。

19年までの半世紀以上にわたり示してある。

ご覧の通り穀物を輸入しても、なお500キログラムに満たない国がほとんどであることがわかる。

ここに掲載した限り、年間の1人当たり穀物消費量が500キログラム以上の国は、1965年時点ではアメリカ1か国、日本は247キログラムに過ぎなかった。確かに、当時の日本人の食生活は不十分であった。

少ないところでは23キログラムや48キログラムのコンゴ・中央アフリカなどが、非常に乏しい穀物のもとで暮らしていた。ルワンダ・アンゴラ・エチオピア・ボツワナ・フィリピン・ブルキナファソ・韓国などの国々の胃袋も当時は満たされているとはいえなかった。

半世紀以上過ぎて、（畜産物の飼料向けを含む）穀物500キログラムの壁を突破できた国は中国だけであり、韓国がこのレベルにあと一歩に迫ってきた以外、ほとんどの国は停滞している。中国は畜産物の輸入を増やしているので、この分を穀物に換算して加えると2019年の507キログラムを大きく上回る規模となろう。

日本も1985年に346キログラムに達した以後は停滞か減少、韓国とフィリピンにも抜かれてしまった。しかも問題は、国産の穀物が100キログラムにも満たないことである。しかもコメに偏っている。

日本より劣る国はある。たとえばコンゴや中央アフリカは、100キログラム未満でありながら、時間が推移してもほとんど増えないかむしろ減少さえしている。アフガニスタンは、75年までは日本並みだったが、当時のソ連の侵攻（78年）を経て急落、政情不安が続くコンゴ並みにまで減少している。

さて、穀物、畜産物からなる食品でカロリーのほとんどをまかなうという食生活が現実であり、そのために必要な穀物量が不足しているということは、補う手段は畜産物の輸入という方法しかない。そして、日本でいえば、国産の畜産物の飼料は輸入穀物に大部分を頼り、また、畜産物自体も多く輸入しているのが実態なのである。

日本と同様に経済力のある国は畜産物を輸入、消費することで、500キログラムを超えることができる。人類の穀物の生産量はすでに不足している。食料不足で経済力もない国が自国の不足を補うことができずに「飢餓」になるのはある意味当然ということがおわかりいただけるだろう。

食料充足の点で、世界はおのずと4つのタイプに分かれている。

①アメリカのように、自国で大量の穀物を調達できる国（しかし最近、盤石ではないきざしがある）
②中国のように自給を基本にしながらも、輸入強化で穀物確保を推進する国
③日本や韓国のように自給を捨てて輸入依存に舵を切った国
④コンゴや中央アフリカのように自給もできず輸入依存もできない国

アメリカのような国は、後で詳しくみるように世界の中では少数派である。

「穀物支配国」の動向

食料輸入国には大きな懸念が存在する。それは、多くの種類の穀物生産は、ごく一部の農業大国に集中しているということだ。農業大国に共通する条件は、農業資源・農業労働力人口・経済力が基本的に備わっていることである。

主要な穀物である小麦・トウモロコシ・コメ・大豆の世界生産量の上位5か国の合計が占める割合を図示したのが**図表2**である。この図表から明らかなように、小麦・トウモロコシ・コメ・大豆の生産量のシェアは、世界196か国のうち上位5か国だけで65〜90％を占める状況にある。

特に大豆は顕著で、アメリカ・ブラジルの2か国だけで69・1％を占める。これにアルゼンチン・中国・インドを加えた5か国では3億5000万トン、世界の89・5％、ほとんどを占める。大豆に次いで上位5か国のシェアが高いのはコメで、中国、インド、バングラデシュなどアジア諸国が73・4％を占める。他の穀物についても、アメリカや中国、インド、ロシアなど、生産量上位の顔ぶれは重なっている。

いずれも世界の消費者の生活維持に大きくかかわる種類の食料であり、他の食料では代

図表2　穀物生産上位5か国のシェア

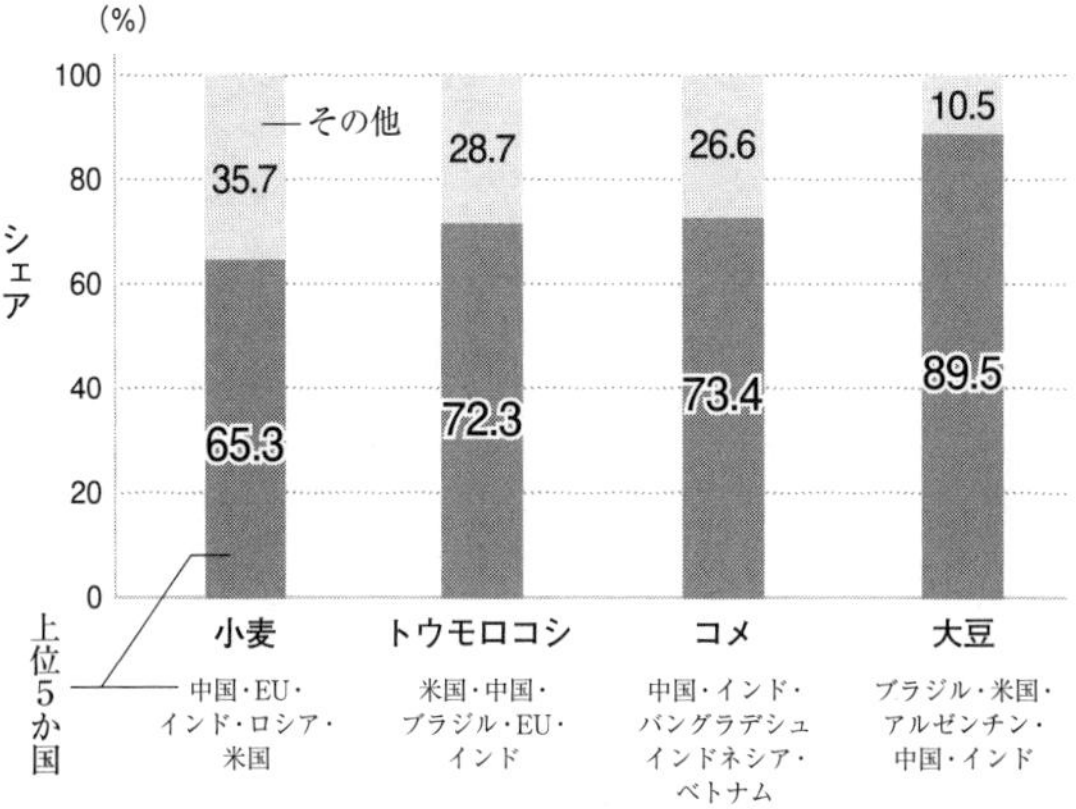

出所：米国農務省データを基に筆者作成。
注：EUは加盟国が共通農業政策を採用しており、一国とみなした。

替できないほど重要な穀物生産が、このようにわずか5か国によって支配されているのが現状なのである。

ここで取り上げた4つの穀物以外の大麦（もちもちの食感、繊維質が豊富）・ライ麦（ライ麦パンの原料）・ハト麦（アミノ酸・ビタミンBが豊富）・そば・あわ（徳島県の名産）・ひえ（冷えに強いことに由来）・きび（きび団子が有名）・あずき（あんこの素）なども、世界各地で主食またはこれに準じる重要な穀物である。これらの生産もまた、ごく一部の生産大国が支配的地位にあるのが現状である。

主要穀物が少数の生産大国によって支配されていることから現実に起きている最も

具体的な問題は、穀物市場がこれらの少数の国もしくはこれらの国の意向を汲んだフードメジャーに支配されやすく、緊急時に穀物の売り惜しみなど簡単にできてしまうことである。市場価格の上がり方が大きなときほど、穀物生産大国による売り惜しみは価格をさらに上げる効果を持ち、生産支配国ほどとてつもない利益をもたらすことができる。

近年、世界の食料の市場価格の動きは急上昇を強めたが、特に米中経済摩擦が激化し始めた2018年以降になると、穀物価格をはじめとする食料価格は2015年を100として2018年124・0、2019年143・3、2020年155・6（FAO統計をもとに各国の平均を筆者計算）と急騰した。2022年のロシアによるウクライナ侵攻が起きると、さらに上げ足を速めたことは一般にも知られた事実である。

食料価格の高騰に際して、市場での価格抑制や安定化のため、在庫の市場放出が求められるところだが、食料価格が最も上がった2020年に、これに対する生産大国のとった行動は最悪のものだった。

たとえば、小麦の生産上位5か国は1200万トン以上の在庫を積み増すというものだった（2050万トンの在庫積み増しに対して放出はたったの840万トンに過ぎなかった）。在庫の積み増しといえば聞こえはいいが、売り惜しみをしたということにほかならない。

これによって、穀物はもちろんだが肉類をはじめとする食料全体の市場価格が一段と上昇したのであった。

他方、生産大国を除く100以上の国々は、それぞれの持つわずかな余力を絞り出すように総計470万トンの在庫を放出したのだった。市場価格の上昇は止まらなかったが、その結果、市場における不足は730万トンに抑えることができた。

生産主要国と残りの100以上の国々のどちらが市場価格の安定化に貢献したか、といえば答えるまでもない。これと同じことは同規模でトウモロコシと大豆でも起きていた。生産大国とそれ以外の国々の選択が意図的であったかどうかは不明だが、食料市場に現れた姿は本来の期待とはまったく逆の姿であった。

なお、ここで挙げた在庫の積み増しなどの数字はいずれもフローであり、2020年における5大国がストックとして持つ穀物の規模は小麦1億9000万トン、トウモロコシ2億トン、コメ1億3000万トン、大豆5000万トン（それぞれAMIS統計から推計）に達する。

このような例からも容易に想像されるように、それぞれの穀物生産上位の国々が組めば、

13か国が加盟するOPEC（石油輸出国機構）を上回るほど強力な世界支配機構が誕生しうるというのが現実である。さしずめ、OPECのP（石油）をF（フード）に一文字変えて、OFECとでもいえようか。

これは食料不足に悩む世界大多数の国々にとっては悪夢以外のなにものでもないが、産油国のような形式的にしっかりとした組織を組まなくとも、カルテルのような行動はありえない話ではないのだ。

それが現実になった場合、より積極的な市場攻撃、たとえば穀物の最低出荷価格の設定、価格低下時での出荷抑制協約、5大国以外から有力な生産国（一般的には限界生産国である）が出てきそうな時の市場価格の引き下げ（大量出荷）による市場参入潰し、新規参入国家が得意とする品種の流通・加工・消費の抑制や市場で優位性を取得する銘柄化への横やりなどが起こるのは想像に難くない。

幸い現状は、主要穀物の生産大国は地政学的または政治体制上、特定の領域に偏ってはいない。だが、たとえば収穫時期の異なる北半球と南半球に分かれる中国・ロシアとブラジルなどが共同体的な枠組みをつくるようなことがあれば、世界の穀物地図は一気に戦略性を帯びてこよう。

奪われ続ける貧困国と「飢餓輸出」

視点を変えれば、自国で食料をつくる資源や技術を持ちながら輸入した方が得という経済力のある日本・韓国のような国は、途上国や貧困国に回るべき食料の一部を奪っているに等しい。食料が絶対的に不足する世界では、こうした不平等が恒常的に起きている。

先進国かつ輸入国の4大穀物を合計した輸入量（年間1人当たり）では、日本207キログラム・中国71キログラム・韓国329キログラム・イタリア284キログラム・イギリス103キログラム・ドイツ174キログラム。

これに対して貧困国の輸入量はタンザニア23キログラム・スーダン55キログラム・ジンバブエ16キログラムと、先進国の数分の1に過ぎない（2019年、FAO）。

貧困国では食料が十分に足りているからではない。絶対量が不足しているのに、これほどまでに大きな輸入格差に置かれているのである。輸入依存の国家は国内生産を増やすために必要な手を打った結果の輸入なのだろうか？　筆者にはとてもそうとは思えない。

世界全体の食料不足が、こうした不平等が起きる原因である。穀物生産大国は自国消費と在庫を除く余剰分を輸出に回すが、世界全体の不足分を下回るのが常である。そして第

2章で詳しく述べるように不足する国の数が圧倒的に多くを占める。表面的には経済行為としての食料の奪い合いが当然のように起きているが、途上国同士・貧困国同士の奪い合いも起きている。

輸出国にとっては、需要があっても貧困国相手では商売にならない。希望する価格の需要が出るまで待った方が得策なので、余剰は在庫として眠らせているのである。実際、穀物栽培の端境期《はざかいき》になると、それらは確実に先進国や中国などの上客に向けてさばけるのだから。

また、「飢餓輸出」という言葉がある。これは国の権力者が外貨を稼ぐため、あるいは海外に向けて自らの権力基盤を示すために、自国民が消費すべき食料を輸出することだ。自国の飢餓と引き換えのこの行為は、国民にとってはたまったものではない。

例えば、小麦の輸出量が世界第5位を誇り、いまでこそ世界の食糧庫として知られるウクライナ。まだソ連の一部とされていた1930年代、スターリンの外貨稼ぎ政策の犠牲となって、国民が必要とする小麦を強制的に大量拠出させられ、スターリンはそれを輸出に回して外貨を稼いだことがある。後世に「ホロドモール（ウクライナの大飢饉）」とよばれた非人道的な食料収奪である。

飢餓輸出は、昔ばなしばかりとは限らずに現代の世界でも起こっている。

2022年に2度のクーデターで大統領が交代したばかりのブルキナファソというアフリカの国では、コメ・キビ・大豆を輸入量の数倍も輸出していた。輸入するくらいだから余っているはずはない。エチオピア、モザンビークも大豆を輸入しながら、その一方では数十倍に上る量を輸出している。外貨稼ぎのいい手がほかにないからである。

貧困国では政府による農業振興政策だけでなく、十分な外貨を得て国民経済を安定させるための政策が必要であることはわかるが、経済発展優先の貧困国では当たり前のことのように飢餓輸出が起きている。

アメリカの穀物生産に異変も

余剰農産物を海外に売らなければ、国内価格が低迷し、政界にも大きな力を持つ農業生産者の反発を招きかねないリスクを背負うアメリカがこれまでとってきた手は、大量の農産物を輸出しやすい相手国の農業を崩壊させてでも、自国産農産物を売りつけるという「外交政策」だった。

アメリカは穀物余剰国の代表として君臨、世界中に余剰農産物を売りさばいてきた。そして穀物の大量余剰をバックに、ＷＴＯ（世界貿易機関）ルールやＦＴＡ（自由貿易協定）など、世界の農産物貿易ルールや関税システム、食品安全基準のルールなどをリードしてきた。

しかしそのアメリカに農産物・食料の輸入拡大が広がり、この部門の貿易収支が悪化しはじめているという。

この異変を最初に察知したのは、アメリカ議会付属１９１４年設立の「議会調査局」だった。２０２２年７月発の報告書「イン・フォーカス」は、アメリカがもっと農産物輸出ができるように本腰を入れないと輸入がやがて上回り、アメリカの輸出産業の柱である農産物貿易収支が赤字に転落する可能性を警告したのだ。

このペーパーは１９８９年から２０２１年までの30年間以上の農産物・食料の輸出・輸入・貿易収支をグラフ化している。これによると、89〜03年まで黒字が拡大、06年まで縮小、07〜14年まで黒字再拡大、以後黒字幅が急速に減少、特に18年以降は赤字寸前という事態に至っているとする。これには米中経済対立や新型コロナの流行がマイナスに働いたことを考慮しても、それだけでは説明がつかない。

この点の真偽を確かめたいと思い、本書はＦＡＯ統計を用い、小麦・トウモロコシ・コメ・大豆・青トウモロコシ・大麦・オーツ麦・ライ麦・ソルガム・そばの10種穀物について、2005~2021年までの年別生産量と土地生産性の動きを調べてみた。

その結果いずれも生産量と生産性はほぼリンクしているが、この17年間で生産量が増加傾向にあるものがトウモロコシ・大豆・ライ麦の3種類のみ、あとは減少か停滞のいずれかであった。

このうち明白に減少傾向にあるものが小麦・青トウモロコシ・大麦・オーツ麦の4種類、大麦以外は大幅に減少している。停滞しているものがコメ・ソルガム・そばの3種類である。食料の自己完結型農業大国として君臨してきたアメリカだが、ここにきてやはり不安の芽が出始めている。

小麦生産量の減少が目立っているが、同時に作付面積の縮小も目立っている。アメリカの主要穀物である小麦生産のこのような地位の低下は、実は2010年代以降にすでに現れているのだ。やはり米中関係や新型コロナとは別の要因であったといえよう。

原因は、アメリカも例にもれず、気候危機の影響を受けていることが背景にあろう。また、食料生産者の高齢化、農村で一般的な低賃金農作業労働力移民の減少、過度の補助金に長い間支えられてきた結果、食料生産基盤が強靭さを失ってきたことも背景にあるのではないかと思われる。

食料危機の責任はだれに？

本章のまとめとして、世界で起きている食料危機は単なる自然現象でないとすればだれの責任によるものなのかについて、本書の意見をおおまかに述べておこう。

食料危機が起こる原因は人為的原因と自然的原因の2つに分かれる。人為的原因はさらに国際機関・政府(国家)・企業・消費者の4つに分けることができる。自然的原因である場合は、自然災害や原因不明のパンデミックのような被害であり責任問題は生まれにくい。

ただし原因と対策は別ものであり、自然的原因から起きた食料危機を放置したり、できるはずの十分な対策を取らなかったとすれば、それ自体は人為的原因に転換し、責任問題が生まれることはいうまでもない。

では人為的原因のひとつ、国際機関にある責任とはなにか。それは地球レベルで起きている温暖化対策の緩慢さ、FAOなど食料関係機関の世界農業生産力向上のための指導能力不足、世界穀物備蓄政策の欠如、ウクライナ戦争・アフガニスタン・シリア・イエメンなどの内戦や地域紛争についての国連の解決能力の低下や欠如などである。

つぎに政府（国家）にある責任は、公開された食料自給率試算の曖昧さや情報非開示、ベネズエラやジンバブエなどのハイパーインフレによる食料価格高騰、農業・食料政策の不十分さや政策的力点の置きどころのミスマッチ、政策実行力の欠如や脆弱さに起因する。過度の補助金による過保護農政や時代遅れの土地政策、食料援助依存などはその典型といえよう。これらは結局、自給力の向上ではなく低下に寄与してしまう結果となっている。そして、内戦や地域紛争・耕作放棄地の拡大・国内食料生産基盤の弱体化・輸入力（経済力）低下なども、広い意味では政府の責任とすべきである。

企業の責任は、食料の買い溜め・売り惜しみ、市場価格機能への介入、原料穀物にない賞味期限が加工食品になると生じることなどで増えてしまう食品ロスなどに典型的だ（筆者『デジタル食品の恐怖』新潮新書、２０１６年参照）。

消費者自身も思わぬところで、食料危機をつくり出している場合がある。無駄遣いが横行する農政に対する監視の弱さ、食料生産者への理解の低さ、危機意識の欠如からくる買い過ぎや贅沢などである。食べ過ぎや食べ残しなども、多数の世帯が集まれば莫大な量に上る意味で見過ごせない。食料危機の原因は多岐にわたり、特定のものだけにあるわけではないのである。

第2章

国民が知らない日本の「隠れ飢餓」

食べたいものを食べられる日常はいつまで

「食料自給率」という言葉を知らない日本人はほとんどいないだろう。加えて、世界的にみても食料自給率の関心の比較的高い国の代表も日本人である。アジアに限れば、日本に次いで関心が高いのは韓国と台湾くらいではなかろうか。

アメリカやカナダ、オーストラリアやブラジルではいたって無関心、中国の場合、政府は高い関心を持つが庶民は無意識など、それぞれのお国柄が反映されている。

日本や韓国のように食料の自給が厳しい国では自給率への関心が高い一方、食料が足りて輸出さえしている国では、一部の専門家を除くと関心が低いのが一般的なのはやむをえない。

日本は食料自給率に関心が高いとは言ったものの、実際には政府や専門家、食料関係者など一部に限られるかもしれない。日常の食料にさほど困らない国民の関心が薄いのは不思議なことではない。食料の大部分を海外に頼るとはいえ、コンビニやスーパー、まちのレストランへ行けば食べたいものはすぐにでも手に入る。食料価格が高騰しても消費者の多くは、「じたばた騒いでもどうなるわけでもなし」といった諦め感がまさり、深く考えることもなんらかの行動を起こすこともない。

そのために、日本人には食料不足に無縁なアメリカ人やオーストラリア人ほどではないにしても、食料不足感や食料危機意識が広く浸透する状況は生まれにくいのが現実である。

またそれ以上に重要な問題は、日本の農水省が公表している食料自給率38％という数字は確かに低いといわれているが、だれもその妥当性を検証したことのないもので、本書の試算では、それよりも20％も低い18％程度が実態である。現実をしっかり認識して問題に取り組むのであれば、国民にはわかりにくく、疑問の生まれる数字をみせるべきではない。

農水省がいう食料自給率については、農水省のサイトに「日本の食料自給率」というページがあるので、ぜひアクセスすることをお勧めする。ただし、本書はそこに記されている数値や試算根拠などの一部については、後述するようにかなりの疑問を持っている。

そこで本章では、あらためて、食料自給率の基本や前提を紹介しつつ、危機感を煽るようなことは避け、真に国民が知るべきことはなにかということについて、原点に立ち返って考えてみることにしたのである。

前述の通り、日本においては現状を心配する消費者は限られると思う。だが、欲しい食料がなんでも手に入る幸福な時代もそろそろ終わりになるかもしれない。食料の大部分を輸入に頼ってこられた背景には、日本の経済成長とその成果の一部としてため込んだ1兆ドルを超える潤沢な外貨準備があったがためである。

ところが日本の毎年の経済成長率は先進国のなかでも最低かほぼ0％、工業製品が輸出競争力を失いつつあるため輸出に以前ほどの勢いがなくなり、一方で円安傾向がはっきりしたにもかかわらずエネルギー需要の世界的な伸びや資源高などから輸入額が大きく伸び、貿易収支は赤字が拡大、黒字が出てもわずかという体質に陥ってしまった。

貿易収支が赤字体質に変わっても第一次所得収支は黒字だから安心だという声に対して、その黒字の源泉（資産）は海外にあり、その所有者の企業が貿易赤字を埋めるために取り崩すこともあり、外貨状態を円に替えない限り使えないし、他の企業が輸入代金決済に使えるわけでもないのであまり当てにしない方がよいという専門家もいる。

貿易収支が赤字体質に変わったのは円安や新型コロナの前、2008年のリーマンショック以後のことである。もはや以前のように貿易黒字が外貨準備の源泉になるという時代は過ぎ去ったといえるだろう。また貿易がだめなら直接投資収益が大きいから大丈夫ともいえず、輸出力の低下は貿易収支と第一次所得収支の黒字を合わせた経常収支に与える影響が避けられなくなっているのである。

このため、経済力が強く世界の隅々から食料を買いあさってこられたこれまでの日本の購買力が落ちることは避けられない時代に入り、この傾向は今後ますます強くなると見通すことができよう。

食料輸入量がマイナスの影響を受ければ、日本の食料自給率は、名目上は上昇するだろう。しかしそれはいいことではない。それは食料を欠く日常に近づくことと引き換えることであって、国内に流通する食料が減ることを意味する。結局は、この日本にとって最も安心できることは国内生産を増やすことなのである。本書後半部分では、これまでそれができなかった原因を考えながら、安心できる食料供給を実現するための対策を述べるとしよう。

日本政府は有事を想定しているのか？

もし日本に直接関係する有事が起きたそのとき、日本人の食料、特に主食のコメは大丈夫なのだろうか？　国内自給率が最大のコメが大丈夫でないとすると、事態は深刻と言わざるをえない。

農水省によると、日本で獲れるコメは年間約７３０万トン、輸入が70万トン程度、コメの需要は680万トン（大部分が国内消費）、輸出は無視できる程度に過ぎない状況である（2022年）。そして生産量も消費量も、長期的に見ると減少する傾向が続いている。

コメの政府備蓄量は100万トン程度と決められ、民間在庫（販売待ちの在庫）を合わせた月別の保管量（政府備蓄＋民間在庫）は月によって変動し、農水省によると、最多は全国の新米が出そろう11月で450万トン程度、最少は収穫期が始まる前の8月で200万トン程度と、250万トンもの差がある。

政府はこれで十分だと太鼓判を押しているようだが、この量では有事や大災害を想定したものからほど遠い「10年に一度の不作（作況指数92）や、通常程度の不作（作況指数94）が2年連続した事態」が前提でしかない。世の中が平和である時はこれでもいいのだろうが、冒頭で述べたような有事の際にはまったく意味を持たないのではないか？

日本に直接関係する有事にでもなると、海外にほぼ100％依存する農業機械向けの石油燃料と化学肥料や化学農薬の原料は大きな制約を受けずにはいられない。平均年齢68歳の稲作「高齢者農業」を支えてきたのは、農業機械化と化学肥料・農薬である。

そのほか、ほぼすべてを海外に依存する超低自給率の小麦・大豆・トウモロコシ、肉類に食用油原料、野菜類や加工食品、魚介類の輸入も、平和のときとまったく同じようなわけにはいかないだろう。

四方を海で囲まれた日本列島自体が海上封鎖される可能性もなくはないが、最も懸念される事態は、マラッカ海峡や台湾海峡、インドネシアからグアムまで膨らんで日本列島に至る第二列島線（中国が想定する海上軍事線）を通過する船舶のリスクである。アメリカがついているさ、という声は海のかなたに消えてしまう恐れがある。

本書の想定では、もし日本に関係する有事が半年でも続いた場合、このわずかな食料の保管量では、国内では食料不足から餓死者が続出する悪夢が現実になる恐れがある。特に人口が集中する東京や大阪には食料の備蓄も在庫もほとんどなく、交通事情から地方の余剰食料を運ぶにも苦労するおそれが十分にある。なんといっても、東京や大阪の食料自給率はゼロに等しいことをこの2つの大都市住民は知っておくべきであろう。

日本に関係すると想定される有事とは何かというと、朝鮮半島・台湾海峡・尖閣諸島での紛争や突発的な超大国間軍事行動などである。いつ起きてもおかしくないと言われている南海トラフ地震や首都直下型地震も、広い意味では有事に属するのではなかろうか。

これらの有事を想定した国内食料システムの構築が急務だと思われるが、政府にはその気も問題意識もなさそうである。本来は、国民に対しては少なくとも半年分以上の食料を家庭で備蓄することを勧め、生産現場に対しては普段から生産・流通体制のあり方の構築を実践的・自主的に促すべきではなかろうか？　もちろんそれには、農政のあり方を基本に立ち返って再考することが不可欠であろう。

農家従属命令

政府は最近になってどこにそんなことができる根拠があるかは知らないが、有事の際の食料調達を図るために、「食料増産命令」という強硬な手を打つことができる法律を検討し始めたという。骨子は輸入が止まるなどの事態が起これば、農家などにコメや畜産物の生産を増やす命令を出すというのである。付け焼き刃のような気がするのは筆者だけだろうか？

この法律案について、C県とA県に住むベテランの農家と若手の専業農家に率直な感想を聞いてみた。

「我々は、命令は受けない。その義務もない」

「そもそも町工場でもあるまいし、急に言われても増産などできるはずはない。田んぼや牛を工場のように扱ってもらっては困る」

「そんなことより、都市近郊の大規模農地の転用許可をいとも簡単に許可したり、若者が農業を継げるような政策を普段から採ってほしい」

「とんでもない法案だ。戦前・戦中でもあるまい。時代錯誤もはなはだしい」

案の定ではあるが、いずれも口を揃えたような反応だった。

ドイツにも似たような名称の法律があるにはあるが、内容は、農水省案ほど政府に権限を持たせたものでもなければ、農家の自由意志を制限するようなものでもない。

そもそも日本政府の案は「有事」の内容が曖昧で、単なる現象としてしかとらえていない。日本が被害を受けた受け身の「有事」を指すのか、直接間接に日本が能動的に関わって起きた結果の「有事」を含むのか、自然災害やパンデミックなどの感染症はどの程度のものを指すのかもはっきりしないし、「不測の事態」をそもそもあらかじめ定義できるわけがなかろう。強権を発動する政府のイメージが戦前の姿に重なる。農家は、またしてもお上の犠牲者にさせられるのだろうか。

「有事」の食料危機における対策は起こってしまった時のその場しのぎではなく、平時からの取組みこそが優先されるべきであろう。有事に備えるとはそういうことで、普段から食の安全保障のために、緊急時にも強い農業をつくらなければならない。

政府が発表する食料自給率38％の闇

このような危機が日常化する時代にあるからこそ、国民が食料自給率を正しく認識することがますます重要になっている。その意味から、まずは「あるべき食料自給率」とは何かについて述べていこう。

さて最も一般的な食料自給率の指標として「カロリーベース食料自給率」というものがある。これは、国民が食べるすべての食料のカロリーを合算し、そのうち純粋な国産部分の割合がどのくらいかを割り算した数字をいう。

日本の農水省が公表しているカロリーベース食料自給率は1965年では73％、1987年には50％、2006年には40％を割り込み、最新の2022年は38％である。農政や農地制度がこのままでは、残念ながら政府目標（2030年度までに）の45％を実現することは間違いなく不可能な情勢である。この目標が達成されるとすれば、日本が輸入各国との競争に負け、国内供給量（消費量）が減る場合だけであろう。

農水省のカロリーベース食料自給率は、16項目の食料群を対象に、国民1人が口を通して摂取した食料（経口食料）が持つカロリーをはじき出し、次いでこれを消費（供給）と国産とに分け、2021年を例に取ると、食べたとする食料群の合計2265キロカロリーのうち国産部分を860キロカロリー、これを割り算して38%とするものである。

16項目の食料群とは、コメ・小麦・豆類などの穀物・野菜や果物・肉類や牛乳などの畜産物・魚介類・砂糖類・油脂類・みそなど日本人の日常的な食生活を反映したものだ。

こういってしまうと簡単のように見えるが、実際は、農水省のホームページの説明をいくら読んでも、その計算プロセスと結果はわからないほど手が込んでいる。本書が農水省の食料自給率担当官に何度も問い合わせたところ、とても丁寧に説明いただいた。担当者としてできる範囲の回答をいただいたと思うが、なお不明な点が残った。本書が時間をかけて解きほぐした農水省の試算方式は本書巻末に記載したので参照していただきたい。

しかしいまでも、少なからず疑問がある。以下、大きく5つの疑問を挙げるが、やや専門的で細かい部分になるので、いずれも数字の根拠となる説明がないということだけ理解していただければよいと思う。

① 農林水産物と油脂類など一部加工食品の国産部分と輸入部分を合わせた国内消費仕向量は粗食料（原形のまま）・飼料用・種子用・加工用・減耗量の5つに分けられて

いるが、そのうち穀物の半数近くが飼料用（特にトウモロコシは8割近く）とした根拠、穀物の1割以上を加工用とした根拠などが不明。

②粗食料から純食料（食べられる状態の食料－可食部）となる割合を「歩留り」としているが、主に飼料用途のトウモロコシや加工向け大麦などは年ごとの変動が比較的激しく、摂取カロリーを中心とする成分摂取量が年による変動を起こしかねない。このような数値を使うには変動を平準化するための方法、例えば数値の固定化あるいは移動平均化などの措置が必要と思われるが、このようにしない理由は不明。

③「飼料自給率」を牧草・わら・発酵剤であるサイレージ・野草などの粗飼料とトウモロコシやコメの副産物であるフスマ（コメの場合は玄米を精米にすると出る粉、麦の場合は粉にする際に出る外皮部と胚芽部分でやはり粉状）、貝殻粉、人工栄養剤、抗菌剤などを混ぜたもの全体の供給量を分母とし国産を分子にして割り算、結果を26％（2021年度の例）としている。しかし、飼料は豚や鶏とでは内容が同じではない。畜産物の差を無視した一律の飼料自給率とする理由は不明であり、果たして科学的といえるか疑問。

④さらに「飼料自給率」の計算だけは、多くの種類の飼料や原材料をTDN（可消化養

分総量という）という単位に置き換えて試算している。農水省がこうした方式をとっているのは畜産物の飼料だけであり、ヒトが食べるコメや小麦、魚介類や野菜などその他には採用していない。その理由は不明だ。

畜産物・食用油・みそ・しょうゆのように原料となる生産物から二次的に作る食料のカロリーベース自給率の試算に当たっては、畜産物であれば家畜の種類ごとに、食用油であれば原料ごとに、みそやしょうゆであればその原材料である大豆・コメとそれぞれの加工形態である2次製品との間の飼料要求率（重量単位で牛肉1はトウモロコシ11など）や還元率（例えば重量単位で大豆油1は大豆5・3に相当など）を用いてカロリー換算すべきだ。なぜ飼料だけにTDNという異なる単位を計算に用いるのか。

TDNはほぼ日本でしか使われていない。自給率を出している国では飼料についてもカロリーを用いている。畜産学系大学の某教授もこの状況には疑問を呈している。

⑤農水省のホームページには、日本の食料自給率のほか、アメリカ・カナダなど11か国の自給率が「諸外国・地域の食料自給率等」として掲載されている。しかし、実はその試算方式は日本の自給率で使う試算方式とは違うことが確認された。計算方

式が違えば比較すること自体に意味がない。そのようなものを発表する意図が不明。そもそもそこで示された諸外国と同じ方式による日本の食料自給率は試算しない方針だそうだが、その理由も不明である。

重量ベースと生産額ベースという自給率

農水省の食料自給率についてはカロリーベース以外にも、重量ベースと生産額ベースがある。3種類もの食料自給率を同時に作成している国は日本だけであるが、一応これについてもふれておこう。

(1) 重量ベース食料自給率

長い間、少なくとも日本政府や中国の情報筋は重量ベース食料自給率を作成し続けている。中国の場合、「糧食自給率」などの表現以外の食料自給率は公表していない。作成すらしていない可能性がある。また、公式的に発表された食料自給率は存在しない。

農水省は2021年度の飼料を含む穀物全体の重量ベース自給率を29%、牛肉や豚肉を肉類として合算した自給率を53%と公表している。肉類については、このほか牛肉、豚肉など個別の重量ベース自給率も掲げている。

穀物を1つに合算した自給率を試算する場合、食料としての用途も栄養成分も異なるコメとトウモロコシを合算することにほとんど意味がないだろう。

ただし、ある食料単独の、たとえば「コメ」や「豚肉」などと個別の自給率を出すことにおいては意味がある。この場合には、コメの食料自給率60％、豚肉35％というように。もちろん、豚肉は飼料を1次原料とする2次製品という性格を持つから、飼料の自給率を厳密に把握した上でなければならない。

（2）生産額ベース食料自給率

これについては、まったく意味がないばかりか消費者を迷わすものであろう。こんなやり方をとっている国は、世界広しといえども日本を含むわずか3つの国・地域にすぎない。イギリス政府と台湾が同様の試算を公表しているが、双方とも「生産額ベース」という表現は使っていないばかりか、「食料」の範囲が日本とは異なるうえに、計算の方法も同じではなく、日本の生産額ベースと並べて比較すること自体に意味は乏しい
農水省は、「生産額ベース食料自給率」を国民に供給される食料の国内消費仕向額（1年

間に市場に出回った額）に対する国内生産額の割合を示す指標と説明している。２０２１年度のものでは58％となっていて、カロリーベース自給率よりもずっと高い。２０２１年度は66％だったので年度間の変動が大きいという、この方式の欠点ともいえる現象が浮き彫りになったようである。

しかし、そもそも価格は毎日のように変動するし、自給率の試算に当たって、どの品種でどこの市場のどの価格をとるか、消費時点（年度）とその食料の生産時点、そして為替変動を含めて輸入時点で変動しうる輸入価格をどう決めるのか、など単純な問題がこの方式では放置されている。こうした点をひとまずおいて、とにかく「消費量」といったところで、価格変動はつきものだから不安定なことは変わりなかろう。

そして、もう一つ問題なのは、食料自給率の算式では分母に位置する輸入価格の方が分母と分子双方に位置する国産価格よりも安いのが一般的なはずだから（そうでなければ輸入に意味はない）、計算上、分子が相対的に高くなりやすい。

単純化して説明しよう。ある穀物が国産１００キログラム、輸入50キログラム、すなわち消費１５０キログラムとする。そして１キログラム当たり単価が、国産２円、輸入１円。この場合、生産額ベース自給率は、

（100×2）／（（100×2）＋（50×1））＝0・8（自給率80％）

もし、輸入価格が下がって1キログラム0・5円となったとすると、

（100×2）／（（100×2）＋（50×0・5））＝0・888（自給率89％）

国産量も輸入量も変わらないのに、輸入農産物が価格低下あるいは円高により、自給率は逆に上がってしまうのである。逆もまた真である。輸入価格が上昇あるいは円安になれば自給率は低下しよう。この本質を見落とすことは「食料危機」の現実から目を逸らすもの以外のなにものでもないだろう。

本書試算による日本の食料自給率は18％

以上、まず農水省によるいくつかの自給率を見てきたが、さまざまな疑問が残るものであることはおわかりいただいたことと思う。

そして、筆者が最も問題と思うのは、経口食料のみを用いて自給率の試算をしていることである。前章でも述べたが、畜産物を飼育するためには飼料要求率に基づく大量の飼料（カロリー）が必要である。農水省方式は、たとえば牛肉を生産するために必要とした飼料は無視し、口を通じて消費した牛肉のカロリーを取り上げて、その自給率を計算する方

式である。牛肉100キロカロリーをつくるために要した飼料分のカロリーはいくら大量であっても無視されている。これは製造コストから燃料費を除外しているようなものだ。そして日本において畜産物の飼料はほぼ輸入なのである。

肉類や牛乳の生産に投じる飼料には、生産者個人や国によって大きな差がある。精魂込めて育てれば育てるほど、飼料の種類と量は増える。育て方が未熟の場合にも飼料の量は増える。飼養の効率が劣るからである。

A国は1キログラムの肉を生産するのに投じた飼料が5キログラム、B国では4キログラムだとして、できた肉1キログラム自体はA国もB国も同じ1キログラムに変わりなく、この1キログラムを食べた国民の摂取カロリーもまた、A国もB国も同じである。

本書は、ここに大きな問題があることを指摘したい。

自動車の燃費に例えると、同じ1キロメートルを走ったガソリン車についての関心事は、燃費にどんな差があるか、あるいはガソリン車で走ったのか、EV車で走ったのかという問題であり、1キロメートルを走ったかどうかではなく、その効率や環境への負荷の大きさがどうなのかが問われるのだ。

農水省のカロリーベース食料自給率は、このような、1カロリーを食べるのにそれ以前にどのくらいのカロリーを費やしたのか、そしてその輸入部分はどのくらいなのかという中間部分がスッポリと抜け落ちたものなのである。この問題は、消費量の大きな畜産物に限らず、食用油・みそなどすべての2次的生産食料に当てはまる問題である。したがって、本当の自給率を知るためには飼料や加工食料の原料のカロリーをベースに把握することが必要なのである。

ある事柄についての統計処理とは、国によって数値の算出方式が違ってはならず、利用する基礎数値の根拠が違ってもならない。統計とは「統一的な方式によって計算された数値」である。世界の食料自給率においてはこの統計が存在しなかった。

このスキ間を埋めることが、本書が独自に世界共通の食料自給率の算出を試みた理由にほかならない。

本書で公開した食料自給率では、重複勘定を避けながら、牛肉であれば牛肉そのもののカロリーではなく、牛肉をつくるために消費（投入）された飼料（カロリー）を対象に算出する方法である。「投入法カロリーベース食料自給率」と呼ぶ理由でもある。わかりやすく言うと、牛肉100グラムは約250キロカロリーに過ぎないが、飼料穀物のトウモロコシは約350キロカロリー、牛肉100グラムをつくるにはその11倍、3850キロカロリーを飼料として与える。にもかかわらず、牛肉250キロカロリーのみを取り上げ、差し引き3600キロカロリーを無視した自給率にどれほどの意味があろうか。精肉となったものに自給部分が簡単に把握できるような線でも引いてあればよいが、もちろんそんなことはない。その判定にはややこしい計算と推定に推定を重ねなければならない。これに対して本書の「投入法」には、そうした煩雑さや推定の入り込む余地は一切ない利点がある。

「投入法カロリーベース食料自給率」による試算では、日本の食料自給率は18%となり、農水省が発表した数値を大幅に下回るのである（序章「飢餓未来年表と世界の食料自給率」「各国の食料自給率（2020年）」一覧表参照）。

なお食料自給率を考える場合、肉の部位まで意識する必要はない。ただし食料100グラムに含まれるカロリーは食料によってすべて異なるので、本来は食料の品目一つひとつの重量に応じた含有量を計算する。たとえば、同じ100グラムの肉であっても、豚肉と鳥肉とではカロリー含有量が異なるし、野菜も、トマトとカボチャとでは異なる。

もっと厳密にいうと、たとえば鶏肉では、モモ肉とムネ肉とではカロリーに2倍ほどの開きがある。このような食料の品目や部位に応じて異なるカロリーは、日本では「食品成分データベース」（文部科学省）で詳しく調べることができるので、この資料を使用して食料ごとのカロリーを把握するのがよい方法である。

日本のこのデータベースは非常に便利だが、知りたい食料のすべてが掲載されているわけではない。特に輸入食料については品目や品種に限界がある。品種の違いが十分に示されていないこと、海外にあって日本にない食料や品種はデータベースに載っていないこと、また100グラム当たりのカロリーをだれがどのようにして計ったのか、説明が不十分な部分もあるからである。

食料個々のカロリーについて、農水省が示している原則的な計り方を紹介すると次のとおりである。重さ100グラムのある食料を対象に、そこにタンパク質・脂質・炭水化物がそれぞれ何グラム含まれているかを計り、それぞれに1グラム当たりのカロリーを示す「エネルギー換算係数」という数値を掛け、3つを合計する。「エネルギー換算係数」はタンパク質1グラム当たり4キロカロリー、脂質9キロカロリー、炭水化物4キロカロリーとされている。

具体例を示すと、重さ100グラムのある食料が含む成分がタンパク質30グラム、脂質

20グラム、炭水化物50グラムとすれば、この食料のカロリーは500キロカロリーとなる（30×4＋20×9＋50×4＝500）。

ただ、時計の針を刻むような正確無比のカロリーを把握しようとするには限界がある。この点はどの国でつくっている食料成分表においても同様であり、個々の食料から100％正確な成分を抽出するには、人間の側に技術的な限界があることを理解しておく必要がある。

各国の食料自給率からわかること

本書最大の特徴は「投入法カロリーベース食料自給率」と「タンパク質自給率」について、それぞれ世界182か国の数値を試算したことである。誤解を恐れずに言えばカロリーベースとタンパク質2つの自給率を論理的な手はずを経て試算した例は、世界でも本書が初めてである。用いた基礎数値は、世界共通の調査に基づく信頼性の高いFAOの公式数値だが、FAO自身は各国のカロリーベース食料自給率、タンパク質自給率について、試算も公表もしていない。本書は182か国の2つの自給率を統一された数値と試算方式で導き出しており、各国の実態と順位をほぼ正確に知ることができるメリットがある。

「タンパク質自給率」という言葉は、あまり耳慣れないかもしれない。詳しくは後述するが、一言でいうと、カロリーベース食料自給率がヒトの運動エネルギーの自給率を扱うのに対し、タンパク質自給率はヒトの生命の維持や肉体形成に必要な栄養素であるタンパク質の自給率を扱うものである。

ヒトが食べることで意味があるのは重量や金額ではなくカロリーであり、栄養素である。これがカロリーベース食料自給率やタンパク質自給率が重要である最大の理由である。

先に述べたようなほとんど無意味な重量ベースの自給率を単純に足し合わせた自給率を世界ランキングなどと称し、ネットで公開している事例がないことはないが、ぜひ無視することをお勧めする。

さて本書が世界のカロリーベース食料自給率試算の対象とした食料は穀物の大部分の種類、食料のなかでもカロリー含有量の多い主要穀物9品目（コメ・小麦・トウモロコシ・大豆・大麦・ライ麦・オーツ麦・ソルガム・ミレット〈アワ・ヒエなど雑穀〉）、主要畜産物6品目（牛肉・豚肉・鶏肉・鶏卵・バターとギー〈バターオイルの一種〉・牛乳）、大豆油を加えて全部で16品目の食料である。

このほかの食料には、特定の食文化圏で摂られるみそ、しょうゆ、カロリー含有量の少ない青果物、一部を除きカロリー含有量の少ない魚介類や砂糖類、ごま油をはじめとする各種の植物油などがあるが、先に挙げた16品目だけで食料全体のカロリーに占める割合は80％以上（世界平均）になるので、自給率を把握するためにはほとんど支障がないといえよう。仮に青果物や魚介類、砂糖類などに対象品目を拡大しても、日本の自給率は上昇せず、むしろ低下する可能性が高い。

こうした条件で試算した２０２０年の各国のカロリーベース食料自給率とタンパク質自給率が序章に掲載した「各国の食料自給率（２０２０年）」の一覧表である。１８２か国のうち最もカロリーベース食料自給率が高い国はウクライナで３７２・２％、逆に最も低い国は０％でキリバス・ドミニカ・ジブチ・バーレーンなど16か国である。

全体的に見ると、自給率が１００％以上の国が33か国、１００％未満が１４９か国・地域である。１００％未満が全体の82％に達する。２０１９年と比べても大きな変動はないが、国民が必要とするカロリーを自前で賄える国はわずかである。

日本のカロリーベース食料自給率は、世界１８２か国・地域中、１２８位の18％にすぎない低さである。

日本の低自給率は、畜産物を育てるために膨大な量が必要な飼料用のトウモロコシが輸入100％なのをはじめ、消費量が世界屈指である大豆・小麦の大部分、同じく大麦やソルガム・ミレットをほぼ100％輸入に依存していることから起きている。人口減少や食生活の洋風化から消費が落ち込んでいるコメでさえ、アメリカの顔を立てるため以外の理由が見つからないなか、毎年70万トン程度を輸入している。

また、国内消費の牛肉・豚肉・鶏卵・酪農製品の多くの部分を輸入に頼っていることから、これら畜産物の飼料となる穀物（主にトウモロコシ）に換算すると、ゴム風船のように膨らむ穀物輸入が、自給率を押し下げる理由となっている。

日本以外の先進国の中でカロリーベース食料自給率が低い国・地域を挙げると、韓国が世界133位の13・9％、台湾が134位の13・7％、イギリスが98位の41・1％、イタリアが101位の39・2％、スイスが112位の28・7％、オランダが148位の4・7％などが際立っている。

日本を含むアジアやヨーロッパの工業国・地域は、食料自給率を犠牲に、工業化・近代化に舵を切りすぎたきらいがある。この点、イタリアやオランダはEU加盟国でありEU全体の食料生産の分業体制の下で食料供給が制度的に保障されており、このデータを試算した2020年段階では、まだEU加盟国であったイギリス農業も同様の環境にあったので、低いとはいえ日本と比べると安定的な食料安全保障が保たれている。

ＥＵ未加盟のスイスの場合、これらの国とはやや事情が異なる。地政学的・自然環境的に、スイスは穀物生産には不向きな点が多々あることが、低自給率をもたらす大きな理由と考えられる。こうした環境の下で、同国は非同盟であることを海外からの安定した食料輸入を保障する担保としているようにみえる。

一方、カロリーベース食料自給率が高い国として、ウクライナのほかガイアナ・パラグアイ・ウルグアイ・カザフスタン・アルゼンチン・ブラジル・オーストラリア・カナダ・ロシア・フランス・アメリカなどが挙げられる。いずれも、小麦・トウモロコシ・大豆の有数の生産国であり輸出国である。

貧困の中の高自給率

世界各国のカロリーベース食料自給率を試算して明らかになったことは、途上国は対立する2つのタイプに分かれるということである。ここでは1人当たり年間ＧＤＰが１０００ドル（約14万円）から３０００ドル（約40万円）程度の国を途上国としているが、中にはガンビア・モザンビーク・イエメンなどのように１０００ドル未満の国もある。

2つのタイプとは、貴重な外貨を食料輸入に充てた結果と推測できる自給率が低いコンゴ・イエメン・ザンビア・レソトなどの国、不足する食料を十分に輸入できないため自給率が高くなってしまうシエラレオネ・ルワンダ・中央アフリカ・アフガニスタン・チャドのような国である。

1人当たりGDPが1000ドル未満の国のうち、カロリーベース食料自給率が70%以上の国を数えるとマリ・マラウイ・ウガンダ・ザンビア・ブルキナファソ・エチオピア・チャドなど12か国、うちマリ・マラウイ・ウガンダ・ザンビアは100%をわずかに超える、定義上は食料の輸出国なのである。これらの国は、不足する食料を輸入することをせず、そもそも不足する食料を輸出に回すことで外貨を稼ぎだそうとする典型的な飢餓輸出国である。これらの国の自給率が高い理由は食料の供給量自体が足らず、輸入を抑えることから国産が相対的に増えるからである。

カロリーベース食料自給率が70%以上の12か国のうちエチオピア・ウガンダ・ニジェール・マラウイ・マリ・チャド・トーゴなど9か国の経常収支（2021年、世界銀行）はエチオピアの45億ドルをはじめ、最少のトーゴ2000万ドルまで赤字国である。自給率100%以上の赤字国の赤字額はマリ3・8億ドル、マラウイ15・4億ドル、ウガンダ

図表3　食料自給率のU字型分布図

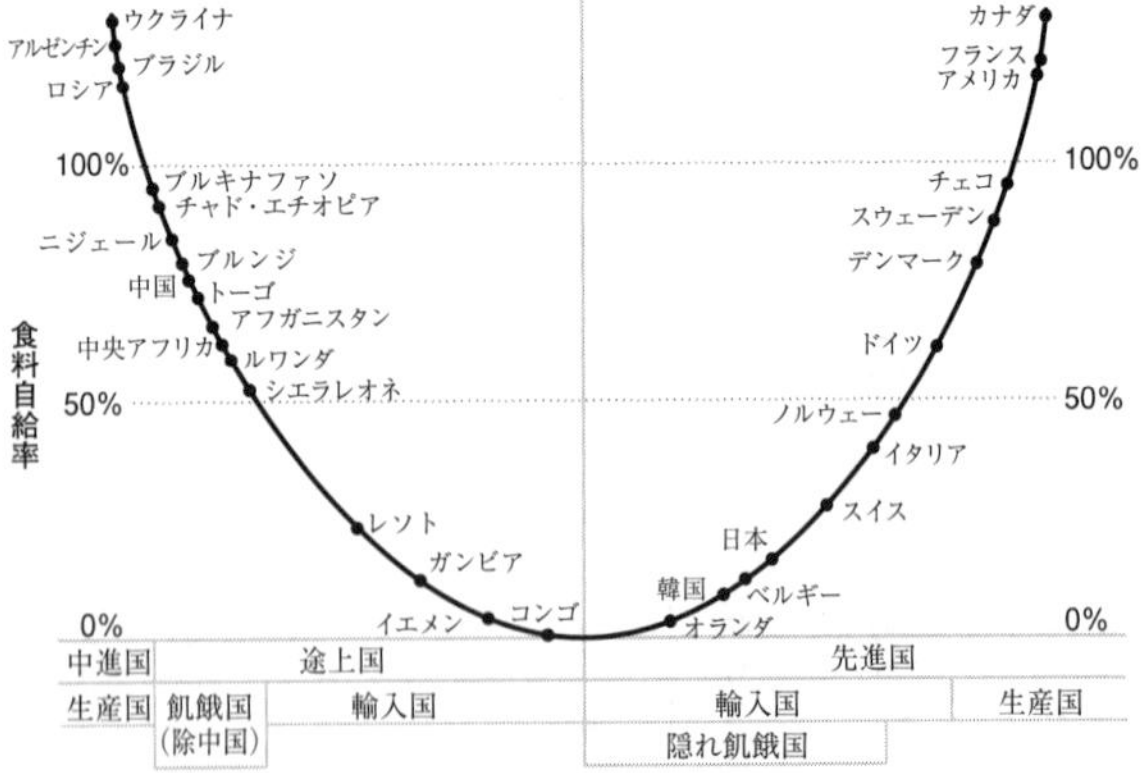

出所：本書「各国の食料自給率（2020年）」に基づき作成。

35・5億ドルと大きい。

一般に、貧しい国は食料自給率も低いと思われているが、以上から、1人当たりGDPが1000ドル未満の25か国は、カロリーベース食料自給率の高い国と低い国とがほぼ同数の2つのグループに分かれることが浮かび上がる。

先進国にも2つのタイプがある。食料生産国と輸入国である。食料生産国は自給率が100%を超えるカナダ・フランス・アメリカ・オーストラリアなどの国である。ただし、輸入国グループはオランダ・ベルギー・日本・スイスのように自給率が非常に低い国、チェコ・ドイツ・デンマーク・スウェーデンのように自給率が50%以上の

図表4　アフリカの高自給率国家

出所：筆者作成。
注：斜線で塗りつぶした国が該当。

比較的高い国に分かれる。

今回の試算の対象とした182か国のカロリーベース食料自給率を先進国と途上国（一部中進国を含む）、さらにそれぞれを食料輸入国と食料生産国に分類して横軸に示したグラフを描くと**図表3**のようにU字型になった。

なお中国は同図の左側に記載してあるが、現状では飢餓国ではないがさりとて純輸出国でもない。本書の見方では自給率は今後さらに低下し、図では下方へ移動する可能性がある。

アフリカ諸国が概して自給率が高い理由の2つめは、図表4の地図のように、該当国がおおむね内陸部に位置し、地理的に穀物生産国からの接岸アクセスが不便であり、さらに国内輸送上の物流アクセスが不便な二重の障害に直面しているからといえる。広いアフリカ大陸の内陸部に位置し、輸入港から距離的に不利というだけでも、海外からの食料輸入には障害として働くのである。

注目すべきタンパク質自給率

さてすでに触れているが、カロリーベース食料自給率とならんで、もう一つ食料危機を計る手段として「タンパク質自給率」という指標を本書では採用している。

タンパク質といえば、肉や卵、大豆などをイメージするかもしれない。もちろんこれらは多くのタンパク質を含んでいるが、実は穀物などの基礎的食料の大部分にも含まれている。だから、計算上はタンパク質だけを抽出して述べることになるが、現実には食材から1つの栄養素を取り出して生産したり取引されることはないから、これまで話した穀物の生産や輸入の件と重複する部分がある点に留意していただきたい。

さて、タンパク質の単位当たり含有量には食料品目ごとに明瞭な差があり、ＦＡＯ統計によると、たとえば食べる部分1キログラム当たりのタンパク質は小麦に１０５グラム、コメに61グラム、トウモロコシに82グラム、大豆に３３３グラム、大豆油にはゼロ、鶏肉に１９９グラム、豚肉に１８１グラム、牛肉に１６７グラムが含まれるとしている。

つまり、何を食べるかによって、タンパク質を摂取する量に、かなりの差が生まれることがわかる。またタンパク質は各種のアミノ酸により構成され、なかでも体内でつくることのできない必須アミノ酸の摂取源となるなど、ヒトにとって不可欠な栄養素である。

そして、おなかいっぱいに食べることができれば自動的にタンパク質摂取も豊富になる、というものではない。カロリーが高い食料イコールタンパク質も高いとは限らないからである。

この意味から「タンパク質」のみを抽出してみることには大きな意味があろう。

世界各国のタンパク質自給率は、カロリーベース食料自給率とならんで、これまで試算されたことはなかった。この点でも本書の試みは、世界初にして唯一のデータである。

タンパク質自給率の世界の状況を説明する前に、タンパク質の摂取状況をまず知っていただく必要がある。

図表5　国別のタンパク質摂取量

（g/日/人：2017〜2019年平均）

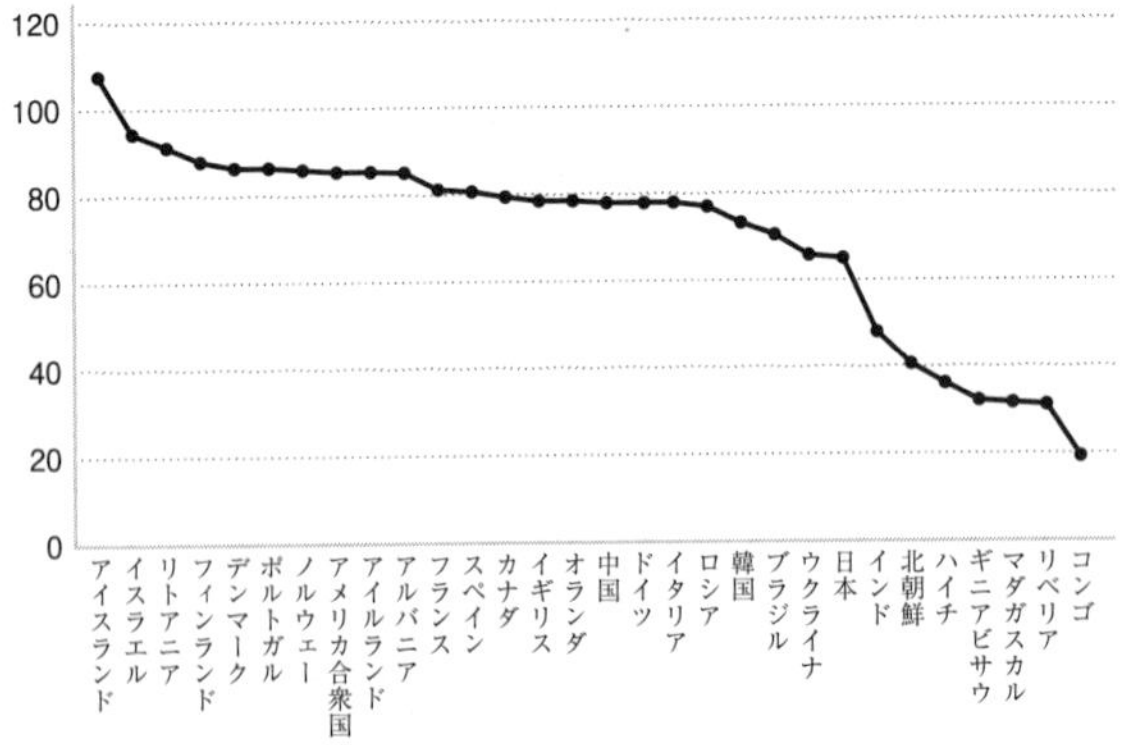

出所：FAOSTATから筆者作成。
注：163カ国中一部の国は省略。

日本の厚生労働省によれば、1人1日当たりが必要とするタンパク質摂取量は60グラム程度とされている。年齢や性別などによって同じではなく、日本人より体格が大きい場合、数値はさらに大きくなる。だから日本人のタンパク質必要量は世界的な標準からみれば最低限としてもよいだろう。

しかし実際は、日本人レベルの必要量自体を満たしている国民は非常に限られている。タンパク質を十分に自給できる国が非常に少ないことがその最大の理由である。国際的に比較できるFAOの163か国を対象とする1人1日当たりタンパク質摂取量を調査した数値を整理すると、タンパク質の摂取量は、国別の格差が非常に大きいことがわかる。

図表5は、最新の基礎数値である2017～2019年における163か国のタンパク質摂取量を多い順に並べたものの一部だが、その格差が非常に大きい様子が一目瞭然であろう。

なおここで利用した数値は、FAOの原数値（供給ベース）を国民が口を通して実際に摂取した量（経口タンパク質）に筆者が一律に修正したものである。

国別の摂取量の詳細な紹介は省くが、摂取量が多い地域はヨーロッパ・北米で、アフリカ・中東・東南アジア・南アジア・南米・島しょ国など、世界の大多数を占める国では少ない様子が明瞭である。同図表では紙幅の関係から一部の国名が省略されているが最大はアイスランド108グラム、最少はコンゴの19グラムである。

国別の摂取量を詳しくみると、一般に、タンパク質摂取量にも、南北格差が存在していることがわかるが、この格差は経済発展の南北格差に重なっていることも明白である。

さらに詳しくご理解いただくため、163か国を1人1日当たりタンパク質摂取量に応じて4分割し、それぞれについて国の数と構成比を**図表6**に示した。

図表6　タンパク質摂取量別国数（g/日/人：2017～2019年平均）

	摂取量（g）	国数	構成比（%）
Ⅰ	75以上	35	21.5
Ⅱ（日本）	60～74	54	33.1
Ⅲ	50～59	31	19.0
Ⅳ	49以下	43	26.4
計		163	100.0

出所：FAOSTATから筆者作成。

同図表によれば60グラム以上に達する国は約半数の89か国（54・6％）にとどまり、50以下の国が74か国（45・4％）にも達している。75以上のグループⅠに属する国が35か国（21・5％）の一方、49以下のグループⅣに属する国が43か国（26・4％）と両極端がほぼ同数に分かれ、格差の大きなことが示されていよう。

これらのなかで、日本はどのあたりに位置しているかを見ると、65グラムでグループとしては同図表のグループⅡに属する。多い国から数えると45位あたりである。ちなみに中国は78グラムでグループⅠに、韓国は74グラムで日本と同じグループⅡに属するが摂取量は日本を9グラムほど上回る。

韓国にも水をあけられている日本だが、その理由の一つは動物性タンパク質の摂取量に差があるためと考えられる。日本は65グラムのうち動物性タンパク質は36・2グラム、韓国は39・2グラムと3グラム多いが、日本の動物性タンパク質が全摂取量に占める比率は韓国より高い。

両国はタンパク質の半分以上を動物性タンパク質に依存しているのだが、韓国のタンパク質の摂取量が日本より多い理由は「薬食同源」といわれるように、韓国の食生活の多品目さ（副食の種類の多さ）にあるといわれている。この点は中国も似ており、いわゆるおかずの種類が多く、一汁一菜が清貧の美徳のような感覚の日本の食卓に上る副食の種類の少なさは、あまりにも極端である。

次に、世界の1人1日当たりタンパク質摂取量のうち、自国でどのくらいを自給できているかを数値で示すタンパク質自給率の試算結果を見ていこう。

本書が試算したタンパク質自給率の対象品目はカロリーベース食料自給率が対象にしている品目より多く、タンパク質を含有する食料のうちコメ・小麦・トウモロコシ・大豆などの穀物、牛肉・豚肉・牛乳などの畜産物、海水魚と淡水魚を含む魚介類、トマト・バナナ・ブドウ・リンゴなどの青果物などＦＡＯ統計がリストアップしている全59品目である。タンパク質を含む食料の種類は非常に多いことが背景にある。なおここでは、タンパク質を含まない食用油は除いてある。品目の具体的リストは巻末の資料を参照願いたい。

以上の条件の下で試算したところ、自給率が１００％以上の国の数は１８２か国のうち、

図表7　タンパク質自給率の国別分布（2020年）

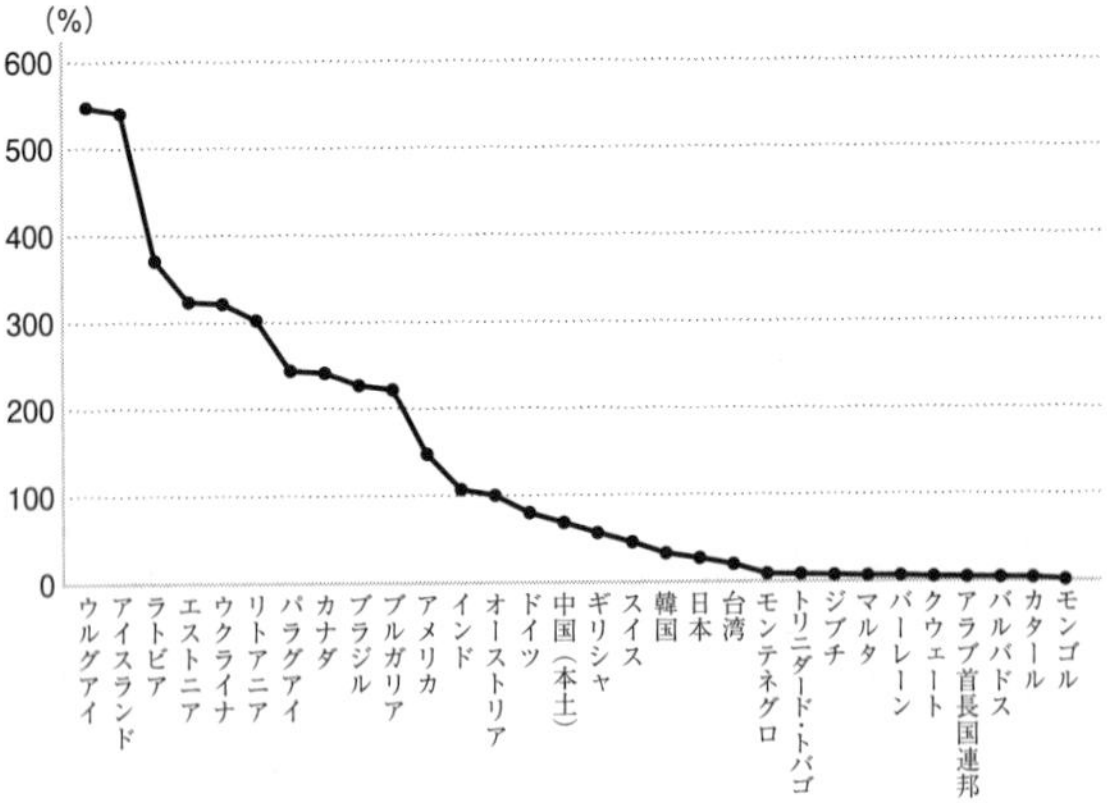

出所：本書「各国の食料自給率」に基づき作成。
注：182か国中一部の国は省略。

わずか27・5％に当たる50か国にすぎないこと、残る72・5％に当たる132か国は100％未満、すなわち自給率100％を超える50の国から輸入する以外に、タンパク質を補う方法を持たない国ということになる。

タンパク質を自国で満足に調達できない132か国は輸入に頼っていることになるが、タンパク質摂取格差が厳然と存在することと合わせると、世界はタンパク質争奪戦の真っただ中にあるといえるのである。

ベールを脱ぐタンパク質覇権国家

タンパク質自給率が100％を超えるわずかな国は世界のタンパク質需給をコント

図表8　タンパク質自給率レベル別国数（2020年）

	自給率（%）	国数（%）	
Ⅰ	100以上	50	27.5
	（うち200以上）	（14）	（7.7）
Ⅱ	80〜99	40	22.0
Ⅲ	50〜79	37	20.3
Ⅳ	30〜49	23	12.6
Ⅴ（日本）	10〜29	21	11.5
Ⅵ	10未満	11	6.0
計		182	100.0

出所：本書「各国の食料自給率」に基づき作成。

ロールできるタンパク質覇権国家であり、その他の大多数の国はタンパク質の海外依存国家群であるといえる。タンパク質市場について、**図表7**が示す通り、世界はこの2つの陣営に厳然と分かれているのである。

タンパク質自給率を試算できる基礎数値が明らかな182か国のうち、100％以上の国数は50か国だが、ちなみに100％以上の国の中で500％以上というタンパク質超富裕国はウルグアイ・アイスランド、200％台の富裕国はラトビア・エストニア・ウクライナ・リトアニアなど14か国である。

タンパク質はどこかの国に集中すると、需要を満たせない国が新たに多数生じる綱渡り状態にある。実際、**図表6**にあるように、国民の摂取量には国によって大差があるだけでなく、1人1日当たり標準必要量を大きく下回る49グラム以下の国が非常に多いのが現状である。世界はタンパク質の奪い合い状態にあるとはこういうことである。

世界182か国の2020年のタンパク質自給率のグループ別実態を示すのが**図表8**である。同図表では、自給率のレベルごとに全体を6段階に分解してみた。

自給率100%未満に注目すると、80~99%は40か国で22%、50~79%は37か国・20・3%、30~49%は23か国・12・6%、10~29%は21か国・11・5%、10%未満が11か国6・0%と、100%未満の国の中でも自給率は分散しており、自給が容易でない状況が浮かび上がる。

自給率が10%未満の11か国とは、モンゴル・カタール・アラブ首長国連邦・クウェート・バーレーン・マルタなど中東に多い傾向がある。ところがこれらの国は、経済力に裏付けられて、国民のタンパク質摂取量は一応確保されているのである。一応というのは、国内では階層による格差が相当程度にあると思われるからである。

1人1日当たり摂取量が40グラム以下と少なく、タンパク質自給率が70%以上と比較的高い国にソロモン諸島・中央アフリカ・マダガスカル・コンゴ（民主）・シエラレオネなどがある。これらの国は、タンパク質争奪戦の敗者中の敗者に属するだろう。

また日本は、6つのグループの5番目のグループに属している実態にあるが、この低さについては真摯に受け止めなければならないであろう。

世界的な問題だが、タンパク質を輸入したい国がいつも十分なタンパク質を確保できるという保障はない。

輸入するには、タンパク質自給率100%を超える国のタンパク質合計量が不足する国の合計需要量を上回っていなければ勘定が合わない。仮にこの条件が満たされているにしても、もう一つの条件として、不足する国に、自国が不足するタンパク質を買えるだけの経済力が備わっていることが必要となる。

ではタンパク質自給率100%以上の50か国の余剰のタンパク質を含む食料に、100%未満の国々が1人1日60グラム程度を満たすだけの十分な余裕があるか、となれば結論は「非常に困難」である。

世界182か国の2020年のタンパク質（穀物・畜産物など59品目）の生産量は**図表9**の通り、筆者試算によると4億5000万トン（食料に含まれる成分を平均すると100グラム当たりのタンパク質は10〜15%と仮定）、うち約6割、2億7000万トンが畜産物の飼料用穀物となり、さらに薬剤類や各種工業原料などの用途が3000〜5000万トンと

図表9　タンパク質の世界需給バランス

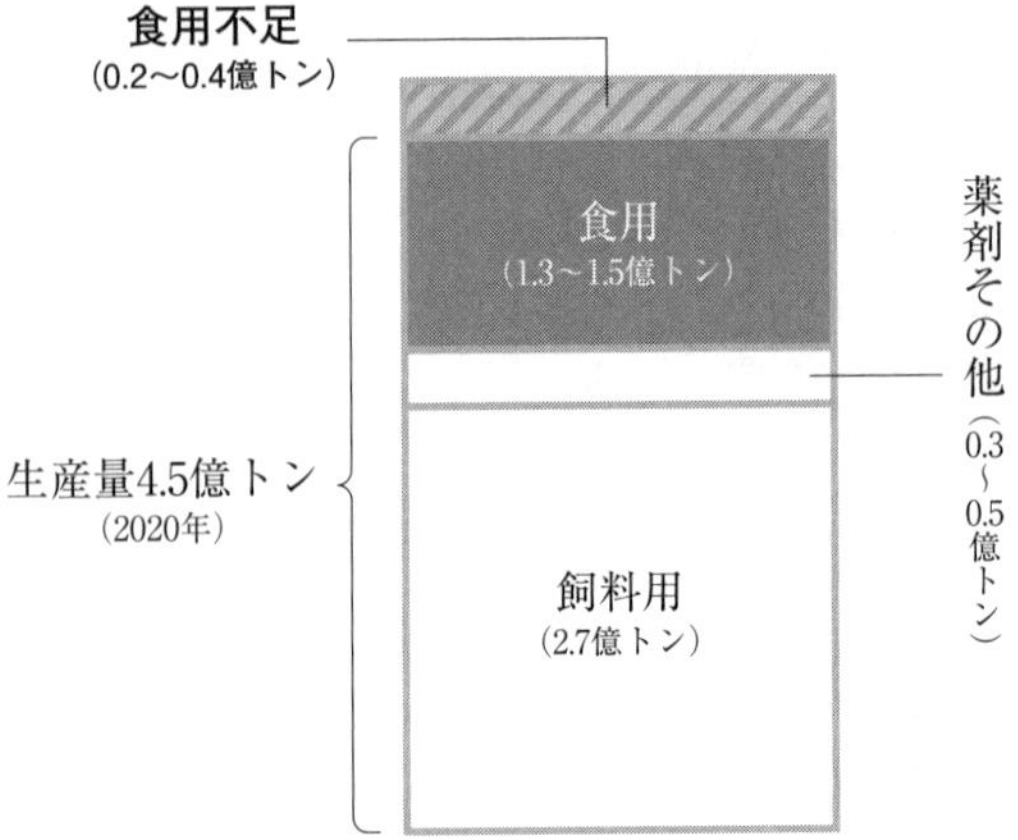

出所：FAOSTATを参考に筆者作成。

すると、純粋に食用として残るのは１億３０００万から１億５０００万トン程度と推定される。

　これに対してヒトが必要とするタンパク質の総量は各国の人口を積み上げると約１億７１００万トン（１人１日60グラムとして）となるので、単純計算をして差し引き２０００万トンから４０００万トンの不足が見込まれるのである。仮に世界合計の生産量が必要量を上回っているにしても、タンパク質生産の豊かな国への偏り、同じく豊かな国民のタンパク質の摂りすぎなどから、必要なところへ必要なだけ配分されるとは限らない。

　良質なタンパク質を十分に摂取するに

は畜産物を食べることが必要であるが、畜産物生産を増やせば増やすほど、生産したタンパク質の6割もの量を畜産物の飼料（穀物）に回さなければならない矛盾に、我々は直面している。

今後の人口増加、食料生産の伸びの鈍化が顕著になれば、タンパク質の不足量はいっそう膨らむ可能性があろう。タンパク質の世界的な争奪戦は未来永劫にわたって続く恐れは消えそうにもない。

日本のタンパク質自給率は世界155位

本書の試算では、日本のタンパク質自給率（2020年）は27・1％で182か国中155位である。日本よりも低い国は、先進国ではオランダ・イスラエル、途上国ではキューバ・イエメンなど、これらを合わせても27か国だけである。

ちなみに韓国は32・9％・147位、中国68・5％・104位、台湾20・0％・159位である。なお北朝鮮は85・2％・80位だが外貨が枯渇している現状では輸入したくてもできないため、名目上の自給率が上がるためであろう。

国土が狭く自然環境の制約から多様な食料生産ができないオランダを除き、日本を含むこれらの国や地域には共通することがある。それはカロリーベース食料自給率の場合と同じく、経済発展自体には目を見張るものがあるが、いずれの場合も、あまりにもそれを急いだがため、工業や第3次産業を優先して食料供給システムのあり方の見直しや発展のあり方についての配慮が不足し、大きなアンバランスを残したまま今日を迎えている点である。

中国の場合、タンパク質自給率は世界でも高い方だがカロリーベース食料自給率の74・6%に比べると大分低い。それは、人口大国の中国が世界中からタンパク質を輸入という形でかき集めていることを意味する。世界のタンパク質供給量は争奪戦の真っただ中にある。経済力のより強い国への集中が、弱い国の不足を大きくするタンパク質格差を拡大させているといえよう。

しかし食料自給率が高ければよいかというと一概にはそうではない。アメリカやオーストラリアのように、国民が求める食料の質と量の双方を十分に自賄いできる国では食料自給率は100%を優に超えることに不思議はない。

他方、国民が必要とする食料を自国で生産できず、その上に輸入する経済力に乏しい国の中には自給率が高い国もある。国産の乏しい食料を国民で分かち合うものの、輸入することができず国民は空腹のために苦しむ国である。

国別のタンパク質自給率をリスト化した場合にも、カロリーベース食料自給率の際に起きた同様の逆説じみた現象が明瞭に表れてくる。

たとえばコンゴ民主共和国の1人1日当たりのタンパク質摂取量は19グラムしかなく、世界の最低レベルである。ところがタンパク質自給率は80・9％と、日本や韓国を大きく上回る。同じ現象はいくつかの国にも見ることができる。その国の一つシエラレオネのタンパク摂取量は38グラムだが自給率は74・6％、中央アフリカは摂取量38グラムの一方で自給率は90・3％と高い。

カロリーベース自給率と同じく、貧しい国は自給率が高く、豊かな国の比較的多くは自給率が低い、という不思議な現象が起きることがある。

日本をはじめとする先進国の摂取量の多さは、タンパク質を輸入することではじめてこのレベルを保つことができている。しかしアメリカやオーストラリアはそうではない。食料の自給力があり、経済的に豊かでもあり、結果として自給率も高いのである。タンパク質摂取量はアメリカ86グラム、カナダ80グラム、自給率はそれぞれ147・7％、241・8％と高い。

先進国の間で見られるこうした格差は、各国間の食料生産システムの強弱とそれなりの経済力にもとづく。経済力のある日本や韓国は、食料生産システムの強化に向かうことが自国民のみならず世界に向けた責務でもあることを強調したい。

第3章

現代の食料システムの限界

世界の耕作放棄地は1億ヘクタール以上

時代や環境の変化に合った食料供給システムの改革が、地球レベルで必要となっている。しかし、相変わらず利益優先の土地利用だけが幅を利かせ、その結果、大量に生まれているのが耕作放棄地。食料の需要が供給を大幅に上回っているのに、その生産基盤である耕地の無視できない面積が遊休地となってしまっている。工場設備に例えると、つくれば売れる需要は十分あるのに設備が古く、つくるたびに赤字が出るので放置しておくようなものだ。

世界の耕地面積は地球の土地面積の約38％に当たるが、穀物生産にそのうちの79％、すなわち地球の土地面積の約30％がそのために使われている（FAO）。しかし耕地の半分以上がわずか10か国程度の国に支配されているのが現実である。

世界には経営耕地が1ヘクタール未満の約4億3000万戸の小規模農家がいる（FAOSTAT）が、大部分の耕地を持つのは大規模農業経営者である。

実は、世界の正確な耕作放棄地面積の合計は不明である。すでに耕作放棄された耕地が雑木雑草地や荒野に戻るのには2年か3年あれば十分である。その結果、耕地だったことを調べる術も見失われやすいからでもある。

世界の大部分の耕地には細かな制度上の見分け方が存在しないので、現在は、定期的に人工衛星を使った識別をたよりに、耕作放棄地を探り当てる方法が主体となっている。

コペンハーゲン大学（デンマーク）やドイツのライプニッツ移行経済農業開発研究所などが中心となって取組んでいる、世界の耕作放棄地とその要因の研究（「世界の耕作放棄地の軌道と進行要因の多様性の解明」2021年）は、耕作放棄地がさまざまな原因から世界各地で起きている実態を明らかにしようとしている。

彼らの研究によると、中国、ミャンマー、ネパール、ポーランド、スロバキア、南アフリカ、スウェーデン、アメリカでは、環境問題（干ばつ、土砂崩れ、洪水、土壌流出）、土壌汚染、人種差別、限界耕地からの離農、民族紛争、農業経営の不採算、後継者不足（高齢化）など複雑な原因が絡んでいるという。

残念ながら、この研究は耕作放棄地の面積データ自体を明らかにしていない。しかし、国によって異なるものの、概ね全耕地の10％程度は耕作放棄されていることを示唆している。

ちなみに2022年の日本の耕作放棄地面積は39万6000ヘクタール（農水省）、全耕地面積432万5000ヘクタールの9・2%に当たるから、世界にも同じくらいの割合の耕作放棄地があっても不思議ではない。

FAOがいう世界の作付可能地面積13億8700万ヘクタールのうち、少なく見積もっても8%は耕作放棄地となっていると仮定すれば、その面積はおよそ1億1000万ヘクタールもの広さとなる。10%とすれば1億4000万ヘクタールにも達する。中国の全耕地面積とほぼ同じくらいの、とてつもなく大きな面積である。

1989年のソ連の解体以後、ロシア・ウクライナ・ベラルーシでは急速な耕作放棄が起き、ポーランド・ルーマニア・リトアニア・ラトビア・トルコ・モルドバ・カザフスタンなどでも、耕作放棄地は急速に増えているという報告がある（カミラ、アルカンタラ他「MODIS時系列衛生データを用いた中欧・東欧の耕作放棄地面積のマッピング」2013年）。

これらの国々では、2005年の段階で、ロシアの3200万ヘクタールをはじめ、ウクライナ920万ヘクタール、ベラルーシ340万ヘクタール、ポーランド150万ヘクタール、ルーマニア100万ヘクタール、リトアニア90万ヘクタール、ラトビア60万ヘクタールの耕作放棄が起きたという。

合わせると約5000万ヘクタールを優に超える。世界の食料の絶対量が不足する原因の一つに、耕地不足があることは否定しようがないと思う。にもかかわらず、世界には多くの耕作放棄地がある。それを放置したままとなれば、食料危機対策は十分な効果を発揮しないまま永遠に残り続けるだろう。

世界の耕地面積の8〜10％に当たる1億ヘクタール以上の耕地が、何も栽培されることなく放置されている理由を考えてみよう。

作り手がいない、採算が取れない、バイヤーが求める品質をクリアできない、自然災害や戦争や内紛の影響、農地土壌の悪化や乾燥など環境悪化、灌漑《かんがい》施設の劣化を含む地下水の枯渇などさまざまな理由が考えられる。

FAOや世界銀行などの国際機関は、先進国や農業大国の農業改革や世界の食料市場を支配するフードメジャー、多国籍の巨大な食品加工メーカーなどの利益追求のビジネスモデルに切り込む力を到底持っていない。

食料危機・飢餓を解消あるいは緩和するために先進国を含む全世界の食料をいかに増やすかという対策に共通目標として取組むべきなのだが、増えることで価格が低下することを嫌う勢力に対して抗う力は非常に弱いし、そもそものような感覚を持ち合わせていないことは問題であろう。

世界の耕地70%を支配するのは大規模農業経営者

国際機関が各国の食料システム改革に手を出せないでいるのは、フードメジャーや食品加工メーカーなどの企業群による生産支配や政策関与が深く浸透し、国家権力もこれと一体になって働くことが多いからではないか。農業政策や食料政策を国家が主導するのはいいことだが、問題の是正や対策の必要性が明らかになっても、政府の許可と協力なしに国際機関が立ち入ることは容易ではない。ゆえに、本来は国際レベルで取り組まなければならない食料供給システムの改善は、各国政府に任せきりとなっている。

例えば、日本の農家がいくら環境に配慮した農地管理や栽培管理にコストをかけたところで、頻度を増しつつある中国からくる黄砂は、様々な有害な微粒子や害虫の卵を含んで、日本の畑や水田を襲う。黄砂は気象現象でもあるが、中国の農地の沙漠化という問題とも大きく関わっている。

そして、国や地域によって、農業の体制や農地制度、気象や土地などの自然条件、中心となる農産物や農家の技術力、政府の指導力・資金・宗教・考え方などはさまざまであり、統一性も方向性もバラバラである。グローバル化した現代では、ある程度は国家主権を制限してでも食料危機に立ち向かう世界的な調整能力が必要なのではなかろうか。

市場経済の原理が力をもつ現代では、食料生産を農家や農政・農業団体が思うままに動かすことは難しく、食生活や所得水準など国民経済全体に決定権を握られている。ゆえに食料不足を承知していながら、食料を海外にゆだね、国内農業の育成・強化がなかなか進まない。

しかし、国連が長期的視野に立って、食料生産者育成と教育・技術普及・農業機械化・耕地確保と改良事業・食料サプライチェーンなどへの各国政府による関与についての標準モデルの奨励とノウハウを提供し、足並みをそろえた取組みをやろうと思えばできないことはないはずである。

楽観的な意見だと思われるかもしれないが、これと似たようなことは、すでに世界各地で国連の世界銀行やＦＡＯなどが断片的に取組んで成果を挙げていることも事実である。これを参考にしながら拡大することができれば、地球レベルでの取組みにすることはできるのではないか。

ＦＡＯによると、２０２０年の世界合計の農地（耕地のほか、畜産向けの採草放牧地を含む）は47億４４００万ヘクタール、作付可能地が13億８７００万ヘクタール、実際の作付

図表10　世界の農地面積と規模別農家戸数

（100万ha）

	2010年	2020年
農地面積	4,794	4,744
耕作可能地	1,364	1,387
作付地	1,521	1,562

世界の農家戸数	構成比（%）	608（百万戸）	耕地占有率（%）
1 ha未満	70	425.6	7
1 ～ 2 ha未満	14	85.1	4
2 ～ 5 ha未満	10	60.8	6
5 ～49ha未満	5	30.4	13
50ha以上	1	6.1	70
（うち1000ha以上）	0	2.4	−

出所：農地面積ほかはFAOSTAT。
農家戸数ほかはFAO,2021.4.23.ローマ。
注：農家戸数は2020年。

地が15億6200万ヘクタールであるという（**図表10**）。

ちなみに2010年と比べると農地がやや減少、耕作可能地と作付地がやや増加している。しかしいずれもその変化は小さく、世界の農地や耕地はほぼ開発し尽くされているといえるだろう。

なお実際の作付地面積が作付可能地面積を上回っているのは、農地によっては二毛作や二期作のように同じ土地で年数回の作付が行われるからである。日本の水田と畑を合わせた2020年の耕地面積は437万ヘクタール、世界の作付地はその357倍以上の広さである。

2021年4月にFAOがローマで公

表した情報（「小規模農家が世界の1／3の食料を生産」）によると、世界の耕地の利用のされ方は次のように、驚くべきものだという。

世界には6億800万戸の農業生産者があり、うち家族農業が世界全体の90％を占める。しかしその多くは、わずかな耕地しか持たない小規模農家である。経営規模1ヘクタール未満の小規模農家が農家全体の70％を占め、これらの農家の耕地面積は全部合わせても全耕地面積の7％に過ぎず、1～2ヘクタール規模が14％、耕地面積はすべて合わせても4％、2～5ヘクタールが全体の10％、耕地面積は全体の6％を占めるに過ぎないという。

1ヘクタール未満という区分も実は大きすぎ、10アール、20アールで一家が暮らす農家が世界の50％以上を占めるというが、筆者が世界各地の農業経営を見分した体験に照らしてもけっして不思議なことではない。小規模農家の多くは食べるのに精いっぱい、余裕のある生活にはほど遠い農家が大部分である。

日本はいうまでもなく、中国でも、アジアの貧困国バングラディシュにおいても、1ヘクタール程度の耕地では家族を養うことはとてもできない。それが2ヘクタールと増えたところで、コメや小麦、畑作で生計を立てることはほぼ不可能である。

その一方で、50ヘクタール以上の経営規模を持つわずか1％の農業経営者が世界全体の耕地の約70％を経営し、そのうち40％は1000ヘクタール以上の規模の農業経営者である。大規模農業経営者が世界の食料を牛耳っている点がこれで明らかになる。

しかし日本の例では、農業をやめても農地所有権を離さない農家が大部分で、耕地が一か所にまとまることもまれであり、トラクターや田植機などの方々への移動コストがかさみ、やっていけないのが現実である。

世界の耕地はとてつもなく大きな格差、圧倒的多数の零細農家とほんの一握りの大規模農業経営者とに分割されている。世界の穀物生産約27億トンは、砂上の楼閣のように、いつ崩れてもおかしくない状況なのである。

フードメジャーの存在

世界中の生産地から小麦・コメ・トウモロコシ・大豆・油脂植物を仕入れ、加工・保管・販売、農産物の種子の開発・販売までを独占的に扱い、市場に多大な影響を及ぼし続ける「フードメジャー」という企業群が存在する。以前は「穀物メジャー」とも呼ばれていた。そもそも数か国の生産大国によって支配されている穀物がその誕生の背景にあったのだ。

世界的に影響力のあるフードメジャーには、カーギル（アメリカ）・ADM（アーチャー・ダニエルズ・ミッドランド、アメリカ）・CHS（全米農協二次連合会）・ルイ・ドレフュス（オランダ）・ガビロン（オランダ）・トプファー・インターナショナル（ドイツ）・ブンゲ（アメリカ）・ネスレ（スイス）・タイソンフーズ（アメリカ）などがある。

フードメジャーの本社はアメリカに集中する傾向にあり、これらの企業上位10社が所有する穀物倉庫キャパシティーは6800万トンとされる。これに中小の100あまりの同業者分を加えると1億トンを超える可能性がある。

2022年末のアメリカの穀物在庫は2・9億トン（米国農務省）だったが、その30％をフードメジャーが管理しており、影響力は絶大だ。

しかしフードメジャーの活動を見ると、仕入れと販売を取り扱うといった単なる商社ではないことがわかる。穀物を原料とする加工食品製造・種子開発・遺伝子組換え作物やゲノム編集食料開発・化学肥料や化学農薬の開発・販売など幅広いビジネスエリアをもっているのだ。いわば食料トレーダー・生命科学企業・食品加工メーカーなど、いくつもの顔を併せ持っている。

同時に、カントリーエレベーター（穀物保管・脱穀倉庫）、輸出港湾施設や運搬専門大型船など、大規模ロジスティクス部門を世界各国に併設、多国籍化して、食料物流、サプライチェーンをわしづかみにしているのもフードメジャーである。

だから穀物メジャーという狭い範囲に括り付けておくことはもはや適当ではなく、食料とそれに関連するありとあらゆる事業を統括しているという意味で「フードメジャー」と呼ぶことができよう。世界的に不足する穀物をはじめとする食料は、広く世界に配られるべきであるが、フードメジャーの存在を抜きにしては語れない。

国際サプライチェーンの分断

平和だった時代、食料は主に各国に拠点を持つフードメジャーが生産国で荷を集め保管、輸出手続きを経て消費国（輸入国）へ運び出し、輸入業者による輸入手続きを経て加工業者や卸売業者などを経て小売業者へ、という流れが一般的だった。ここには、それぞれに隣接する者同士をつなぐ2つの並列するチェーン（つながり）がある。一つは「商流」というう経済行為を効率化するチェーン、もう一つは食料という物資を運ぶ「物流」というチェーンである。実はこれらのほかにもう一つ重要なのは、隣接する者同士をつなぐ信頼という「心流」という第三のチェーンである。「心流」は筆者が以前から提唱しているもので、円滑な流通においては欠かせないものだと考えている。食料の国際的な流れは、商流・物流・心流がバランスを取って初めて機能するものだ。

このバランスが崩れるきっかけは、自然災害・新型コロナウイルス・地域紛争・米中対立（相互制裁）である。なかでも、パンデミックやロシアのウクライナ侵攻、米中対立は食料の国際サプライチェーンを分断させた。

新型コロナウイルスが世界的に発覚する前の2019年8月と12月、筆者は中国農村部にいたが、養豚業者は、すでに「エサが来ない、成豚を出荷できない、獣医が来ない」と嘆いていた。大豆を原料とするエサの大豆粕は急騰、スーパーの肉小売価格も高騰していた。米中の輸入関税の引き上げ合戦はアメリカ産大豆の対中サプライチェーンの分断となり、あおりをうけたブラジル産大豆の対中輸出が増加し、既存輸入国が動揺、国際価格が上昇した。ロシアのウクライナ侵攻では黒海ルートによる両国の小麦やトウモロコシ、ロシア産化学肥料のサプライチェーンが被害を受けた。

こうしたサプライチェーンの分断や被害は、世界100か国以上からの輸入に頼る日本の食料安全保障にも動揺をもたらした。世界の食料貿易市場における品薄や物流の滞りの頻発は価格の上昇を招くが、日本向けの食料を扱うバイヤーは、より多くのマネーを握る中国やインドのエージェンシーに競り負ける事態が増えたという。加えて日本の経済力の低下が恒常化し、食料サプライチェーンから脱落する恐れがでてきた。このとき、円安も手伝って、日本のほとんどの食料価格は毎日のように急騰し続け、いわゆる貧困世帯だけでなく一般庶民の台所をも直撃した。

そして、国際サプライチェーンにおいては、多国籍企業や商社、フードメジャーなど多数の組織が流通過程ごとに複雑に関わっており、実態を容易に知ることはできない。この闇の解明に向かうことは、日本の食料安全保障を強化する意味でも避けられない。

自由貿易で食料危機は解決しない

世界食料危機を和らげるためには、一部で食料貿易の自由化を進めるべきだという声がある。たしかに自由貿易論者が主張するように、関税や輸入割当制限などの制度的な輸入障壁を撤廃または緩和すれば、当事者間全体の貿易は数量・金額ともにある程度は増えるかもしれない。

しかし特定の農産物を生産している2つの国が貿易をした場合、どちらかが価格競争において輸入が増加し、部分的あるいは全部に相当する国産品を犠牲にして、需要を埋めるように動くのが原則である。

このような状況が長く続けば、輸入国の当該農産物は衰退するか、ひどい場合には消滅しよう。他方、理論上、別の農産物については逆の結果が生まれる可能性が残されている。これを指して、ウィンウィンの関係とする意見もあるが、双方ますます繁栄する産業と消滅・衰退する農作物を互いに持ち合うことになるだろう。消費者には効率的かもしれないが、消滅・衰退する農作物は繁栄の犠牲者ともいえる。このような貿易制度はけっして好ましいとは思わない。

だから、食料危機の観点から貿易が名実ともにウィンウィンの関係になるには、多くの条件が必要なのである。

その条件とは、ある国が国産のみで需要を賄えない食料があるという状況においても、①世界には不足する国すべてに行き渡るだけの食料があるため、②こうした国ごとのデコボコをならすために輸出する国は売り惜しみや価格つり上げをせず、③輸入国には必要なだけの輸入決済資金（例えばドル）があり、④必要な量の輸入価格水準が、自給分を担うためには不可欠な国内生産者がはみ出されることがないような水準であること。

言い換えると、農産物の価格が世界では一つ、一物一価の法則が成立しない限り、誰もどんな犠牲を払うことなく、農産物を輸出し、一方では不足分を輸入するという仕組みをつくり上げることは無理なことなのである。これをもって、農産物の自由貿易、というのであれば筆者も賛同したい。

ただ、残念ながらそんなことが予定調和的に成立することはないだろう。

たとえば穀物生産量は、世界で約8億トンも足らない。農産物の生産費が国際水準を超える国は日本や中国・韓国など多数あり、許容できる水準を下回る水準で入ってくる輸入農産物を野放しにすれば、国内農業はすぐにでも衰退・消滅の危機に陥るにちがいない。他方、輸入能力に欠ける貧しい国は、そのあおりを受けて買えるはずの穀物を買えない恐れが生まれるだろう。これは、豊かな国から貧しい国への飢餓の移転にも等しいことだ。

以上から、いかなる意味でも農産物の自由貿易は成立しないし、理論的にも成立しないといえる。こうした条件がないままの自由貿易論は、強者をより強く、弱者をより弱者に落とす謀略である。

だからこそ、あらゆる生産国が自給率を高めることが最良の選択であり、貿易はその補助的な手段と位置付けることを共通の目標とすべきだと思う。

畜産物の増産は可能か

畜産物は肉・酪農製品・卵・油脂を供給する、人間になくてはならない食料である。人口の増加とともに生産量もうなぎ上りに増えてきた。

世界生産量(2019年)は、以下の通りである。牛肉生産量7200万トン、主産国はブラジル・中国・アメリカ。豚肉は1億1000万トン、主産国は中国・ドイツ・アメリカ・ベトナム。羊肉が1600万トン、主要国は中国・オーストラリア・インドなど。鶏肉1億3000万トン、主産国はブラジル・中国・アメリカ。鶏卵は8900万トン、主産国はブラジル・中国・アメリカ。バター・ギーは1200万トン、主産国はインド・パキスタン・ニュージーランド。牛乳が8億6500万トン、主産国はアルゼンチン・オーストラリア・ブラジル・中国・インド・ニュージーランド・アメリカである。

これら畜産物を生産するためにはトウモロコシ・大豆・ソルガム・コメ・小麦などを原料とする飼料が必要だが、1単位の畜産物を生産するのに必要な飼料はあらゆる畜産物を平均すると3単位程度である。100グラムの肉を食べれば、300グラムの飼料穀物を食べたことと同じだという意味である。これを日本では「飼料要求率」などと表現することがある。

世界の2020年の飼料穀物投与量は10億2000万トン（FAOSTAT）。牛乳生産向け飼料穀物の量は、国によって投与法に大差があり推定困難である。

もし今後、人口増加に伴う畜産物需要がそのまま増え続けると、飼料穀物は、人口がいまの1・25倍の100億人になるとされる2059年には、約13億トンがそのために必要になってもおかしくない。

筆者の長期予測（**後出の図表11**）によれば、人口が100億人になる頃の世界の穀物生産量は約36億トンにすぎない。それなのに、畜産物にその30％の13億トンを与えてしまうと、人間には23億トンしか残らない。さまざまな用途を含めて1人当たり230キログラムにしかならず、家畜栄えて人間滅ぶ、である。

家畜に13億トンもの穀物を分け与えることは元来不可能で、10億トンにとどめたとしても、世界人口が80億人・副産物を含む穀物生産量約30億トンの現在でさえきついくらいである。この人口規模で、世界の人々すべてが飢餓から脱出できるのに必要な穀物量は40億トン近くに達する。ところが実際は約31億トンしかないのだから、これ以上飼料に回す余裕はないはずである。飼料に回している量が10億トンとしてもそのいくらかは、人間の食料用に取り戻さなければならないくらいである。

規模拡大論だけでは行き詰まる

アメリカ式の新自由主義が浸透した結果、工業やサービス業とは異なる世界を持つ農業が、それらの産業と同じ土俵で真っ向勝負して利潤を上げないといけないかのような風潮がまかり通るようになっている。

しかし実際は、本家本元のアメリカでさえ、連邦予算や州予算で多額の補助金、公的資金を使った技術研修や輸出支援など手厚い保護によって農業は守られている。つまり農業は、工業やサービス業とは異なる経済活動であることをアメリカ自身が認めているのだ。

アメリカの数ある農業保護政策のうち、大きな部分を占める補助金の一つは、アメリカ政府が支給する連邦補助金で465億ドル（2020年、1ドル130円だと6兆450億円）で、全国220万戸の農家に配られている。そのほか、全国の農家に1戸当たり25万ドル（3250万円）、経営が2人の共同であればその2倍50万ドル（6500万円）が支給されている。

この多額の補助金は、国内の他産業との競争のためではなく、外国の農業と戦うための弾薬のようなものである。アメリカは外国農業に対しては、「公平な競争を」を常套句として主張するが、反面、自国農業には甘い。

しかし似たようなことは日本でもヨーロッパでも、中国でも施されている。国境に無関係にだれしも、本当は農業には補助金や保護が必要なことを知っている。

それでも、世界中から撤退する農家が後を絶たない。農業に残ろうとすれば、高価な農業機械や設備投資とともに化学肥料・化学農薬を大量にまく営農が不可避である。そうしなければ逆に赤字が溜まってしまうと考えられている。そこで、農家が向かう方向は規模拡大という蟻地獄しかなくなる。規模拡大の効果は幻想に近い。適正規模経営を目標とし、政策誘導を図るべきなのである。

スケールメリットが働くためには、コスト吸収できるほどの生産量を上げなくてはならないが、際限のない規模拡大を奨励すると、さらに大量の化学肥料と化学農薬が必要となり、莫大な費用のかかる大型農業機械、そして人件費の重い圧力がのしかかる。下げたはずのコストは、反発的に跳ね上がるのが農業経営の難しいところである。

適正規模は国や作物によって異なるが、日本の農家1戸が穀物栽培を自分の労働力で、自家所有地で経営しようとすれば、その面積は10から20ヘクタールがせいぜいのはずである。それを超えると、経営収支は厳しさを増す。だから筆者は日本の農家の適正規模を10～20ヘクタール、北海道であればその倍程度が目指すべき規模と考える。

適正規模を超えて、農家が規模拡大を行わなければならないような食料システムは逆に長持ちせず、よほどの公金投入がないと、いずれ経営的な限界に達することだろう。

SDGs農業と呼べるものにするために、各国が行う保護政策や補助金支給には一理ある。ただし食料供給という公共財としての農業に対する社会的費用として許容されるのは、そこまでである。

現在の日本の農政の基本姿勢は政権与党主導の補助金バラマキ行政である。これでは適正規模育成につながらず、農業の改善に逆行する。

筆者は日常的に中国における農業制度問題と食料問題の分析をしているが、日本の農政と比べると中国は変化が速い。政策の基本的な方向性は個人農の規模拡大を残しながらも、資本制を利用した大規模企業経営の育成においている。農地所有制度の市場化を根底に、農地利用の私有化を進め、食料供給システムとしての効率向上を期待しているのである。

こうした動きを見るにつけ、日本の農業諸制度はなんと官僚的で、なんと変化が遅いのだろうかと気が重くなるのは筆者だけだろうか？

日本の食料問題は外交問題

作家（としてだけではないが）の故・野坂昭如さんは自身を「焼跡闇市派」と称して、第2次大戦の敗戦直後の慢性的な空腹の体験を人生の原点に生きた人だった。彼と同じ世代の作家で反戦家、故・小田実《まこと》さんなども同様に空腹の時代を生きた。

彼らから影響を受けたとはいえ、筆者は戦後生まれなので、彼らと比べればはるかに恵まれた時代を過ごした。平和でなければメシは食えない、という話は父母からもよく耳にした。いまでは自分もそう思う。

年間100万人以上の膨大な数の餓死者が生まれるのは複雑な理由からだが、基本的な理由は、食料生産を安定的に持続させる土地・ヒト・資金が営農困難、戦争や内紛で失われているか乏しいからである。

少なくともアフガニスタン・ソマリア・スーダン・エチオピア・ベネズエラ・コンゴ民主共和国・中央アフリカ・北朝鮮などにはこの理由が当てはまるのではなかろうか。

けっして忘れてはならないのは、このレベルまで食料自給率を失った日本がいったん戦火に巻き込まれるようなことにでもなれば、日本人の餓死者は半年で数十万人を下らないおそれがあるということだ。

日本の年間コメ在庫は平均200万トン。年間消費量の30％にも満たない。たちまちコメの在庫は底をつき、家庭内保存食料も1週間以内には空になり、半年で少なく見積もっても数十万人、場合によっては数百万人が餓死したにしても多すぎることはない。

特に大都市圏の食料備蓄は不安である。農水省の試算によると東京の食料自給率（カロリーベース）はゼロ、大阪1％、神奈川2％、埼玉10％、愛知・京都11％、人口はこの6都府県で38％を占める（2020年）。公的備蓄も太鼓判を押せるほどではない。たとえば東京都江東区は人口54万人だが、区役所が住民のために災害用として準備している主食類は五目ごはん17万食・白米15万食・ドライカレー1・5万食・おかゆ1・6万食などである。これでも区予算やスペースなどの制約を最大限拡大させてのことであろう。

災難は忘れたころにやってくるものだということをもう一度、心しておくべきではないか。

スイスはおかれた自然環境から、乳製品以外の食料はほとんど輸入に頼るしかない。歴史的に周辺諸国に依存せざるを得ず、他国同士の利害によっては軍事だけではなく、食料問題においてもたちまち危機に陥ることになる。ゆえに永世中立国という選択には合理性があると思われる。

食料生産資源のメンテナンスを怠り、食料輸入増加に突き進んできた日本の選択は正しい道だったのだろうか？　日本の食料問題は、農業問題としてひとくくりできるような単純なものではない。実態は農業外問題、外交問題であり政治の問題なのである。本書は、その根幹が日本の対米従属関係に由来しているためではないかと思う。

アメリカの対日農業戦略

それにしても、どうしてこうも日本の供給システムは縮んでしまったのだろうか？

そこにはアメリカに逆らえない日本政府の事情があった。

第2次大戦後の日米の歴史を振り返ると、余剰農産物の処理に困っていたアメリカは、日本をアメリカ産小麦の販売市場として固定化することに成功する。その結果、日本産小麦はほぼ未来永劫にアメリカに敗北し続ける羽目になったのだ。

アメリカによる戦後の対日復興政策ともからんで日本の人口は増え、1950年代から始まった高度経済成長もあって、アメリカからすれば食料を十分に買い続けられるはずだとの期待が生まれてしまった。

アメリカで1951年に成立した「相互安全保障法」という法律は右手に銃、左手に食パンをかざしながら、日本人に対して、ソ連からの脅威を防ぎ、自国の余剰農産物で日本人の飢えをしのぐという、当時の日本の弱みに付け込むものだった。

第2次大戦後、ソ連とアメリカはともに日本とドイツを負かした戦勝国として、次の世界の覇権を争い始めたところであり、同時に戦前のアメリカには小麦やコメ・大豆・食用油その他が文字通り腐るほど余っていた。第2次大戦に備えて、生産力を天井にまで高めていた結果である。

アメリカの肥沃な大地は戦前に大きな土地生産性の上昇を手にし、増える人口と戦争特需を上回る収量をみせていた。農産物価格は低迷し、農村部の経済成長を抑えていた。

そこで、農産物を援助する代わりに、援助した国に対しては、自らの責任で対ソ・対中防衛に当たるよう指示することに成功したのだった。これはアメリカ発のMSA協定と呼ばれ、日本は、まだ国際的地位の低かった、戦後独立を回復した1951年のサンフランシスコ条約を結んだばかりの1954年に締結国となった。

「相互安全保障法」に続き、1954年7月アメリカ議会を通過した「農業貿易開発助成法」は、戦前急増した農業生産力の処理のために、第2次大戦で負かした国（日本やドイツ）、そしてインド・パキスタン、ソ連の共産国化圧力に直面している食料不足で悩むヨーロッパの国々に、現地通貨決済という条件付きで穀物を輸出することに成功した。決済は輸入国の通貨で行ない、輸入国政府が民間に売り渡した金額を積み立て、アメリカからの戦略物資を現地通貨で輸入する資金に充てる、という仕組みだった。

日本も世界の90か国とともに、新しく「余剰農産物協定」と呼ばれるこの仕組みに取り込まれ、1955年と翌年の2回、条約に基づく協定を結んだ。

アメリカの一連の対外的な食料政策は各国の飢えを緩和させることができた一方、援助対象国となった国の農業生産力の発展を遅らせたと、アメリカ自身も自覚するほどの問題を残した。

このときから、日本はアメリカの農業地帯選出議員のロビー活動とそのブローカーの餌食になる運命をたどる。そして、その後の日本のコメ単作の農業体制が固まった。

敗戦国の日本は、アメリカのこのような強硬な政策で、確かに、空腹が我慢できる程度にまで回復した。しかし、主食のコメは国産体制を強めたが、流通は厳しい統制下におかれ、市民が自由に購入できない配給制度が続いた。

筆者は子どものころ、配給米では足らないため、母親に連れられて暗くなった道をヤミ米を扱う老夫婦の家に出かけ、古米特有の香り漂う米びつから、持参した木綿製の袋にマスですくうようにコメを流し込んだ母親の姿を覚えている。戦後約80年、アメリカは日本がいまなお有力な食料輸出相手であるとみなし続けている。

飢餓問題に取り組む組織の現状

政府自身を除いて、世界や日本で、広い意味で飢餓問題や食料支援、農業支援に取り組んでいる機関（公的組織）や民間組織にはどのようなものがあるのだろうか？　日常的に露出度が高いいくつかを例にその実態に接近してみよう。

国際機関や日本国内で活動する組織以外、先進国や中進国には多数の組織があると思われるが、ここでは日本との関係が深いものに限定した。

国際機関・国家機関・国際民間組織・国内組織などさまざまであるが、それぞれの代表的な組織を列挙し、それぞれの役割について整理し、それぞれの、ポイントをみていこう。

国際機関：ＦＡＯ（国連食料農業機関）・ＷＦＰ（国連世界食料計画）・ユニセフ（国連児童基金）・世界銀行（ワールドバンク）・ＳＤＧｓ目標2など。

国家機関：国際協力機構（ＪＩＣＡ、日本）・国際開発庁（ＵＳＡＩＤ、アメリカ）・国際協力団（韓国）・国家国際発展協力署（中国）・国際協力公社（ＧＩＺ、ドイツ）・開発庁（ＡＦＤ、フランス）・外務・英連邦・開発省（ＦＣＤＯ、イギリス）・国際開発庁（ＡｕｓＡＩＤ、オーストラリア）など。

国際民間組織：ケア（本部ジュネーブ・国際ＮＧＯ・日本支部あり）・グッドネーバーズ・インターナショナル（本部韓国・同・日本支部あり）・セーブ・ザ・チルドレン（本部ロンドン・同・日本支部あり）・ＳＤＧ２アドボカシーハブ（本部ロンドン・同・各国に協力組織）など。

日本国内組織：国連ＷＦＰ協会（認定ＮＰＯ法人）・日本ユニセフ協会（公益財団法人）・アドラ・ジャパン（特定非営利活動法人）・ハンガー・フリー・ワールド（同）・ワールド・ビジョン・ジャパン（同）・アムダマインズ（同）・せいぼじゃぱん（同）・日本ライオンズ（一般社団法人）・フードバンク山梨（認定ＮＰＯ法人）・セカンドハーベスト・ジャパン（同）など。

（１）国際機関

「ＦＡＯ」「ＷＦＰ」「ユニセフ」「世界銀行」「ＳＤＧｓ目標２」などは、それぞれ独自の理念や目標を持ち、その一つとして食料危機に立ち向かうことを直接の役割とする。

ＦＡＯは飢餓の解消を目標に据えて、国家間の農林漁業技術の普及、各種条約の主体と推進、世界農林漁業の食料としての動態的統計を国別に整理し、世界に発信する唯一の国際機関といってもよい。最近は地球レベルで深刻化する気候危機を強く意識するようになり、ＣＳＡ（気候危機に負けない農業）を啓蒙し世界各地の成功事例の発掘や支援に力を入れるようになった。これも一種の食料危機・飢餓に対する取組みの柱となっている。

ＷＦＰは貧困や飢餓で苦しむ人々に食料を届ける活動、そのための財源を確保する募金活動を中心とする組織である。人道援助組織のＭＳＦ（国境なき医師団）と協力するケースもある。やや紛らわしいが、主な国にはＷＦＰ協会と銘打つ組織が設立されているが、ＷＦＰの直属組織ではなく民間の組織で、世界の飢餓解消や緩和につながる活動を行なっている。

ユニセフは児童の飢餓に対する支援もする機関であるが、それだけではない。街角で募金活動の姿を目にすることがあるが、日本ユニセフ協会はその一例である。ユニセフ本部日本事務所などと協力協定を結び、募金活動を行なう民間組織の一つである。

SDGs目標2は機関そのものではなく、2015年に国連が定めた持続可能な開発のための2030アジェンダの17個の目標の2番目に当たる「飢餓に終止符を打ち、食料安全保障と栄養改善を達成し、持続可能な農業を促進する」をいう。SDGsは国連加盟国196か国が協力しながらのゴール、個々の国単位でも目指すべきゴールである。国際社会が持つべき目標を定めたという点では評価できよう。

世界銀行の目標は、世界の貧困を撲滅し、経済成長と開発を促進することを通じて人々の生活水準を改善することとされている。途上国の食料の安定確保も活動の一つである。その名の示す通り主な事業は途上国融資であるが、グループの一つに国際開発協会(IDA)があり、気候変動対策や食料危機への対応策にも取り組んでいる。

(2) 国家機関

食料危機に対する援助を行なう最大の国家機関は海外援助(ODA)を中心とするもので、日本では「国際協力機構」がこれに当たる。

しかし国際協力機構は海外の求めに応じて食料を直接配ることや貧困救済としての資金支援をする機関ではなく、被援助国の要請に基づいて農業・水利・物流・橋梁・農協組織基盤整備など、ハード・ソフトのインフラ整備に協力することなどが主な事業である。

日本の国際協力機構と似たアメリカの「国際開発庁（USAID）」は規模・予算・人材・事業内容からいって日本とは比べものにならない影響力がある。その理念は被支援国のアメリカ化ともいえるもので現地情報収集・農地開発・農業経営・農産物販売ノウハウ・農業技術・農業機械・肥料農薬・農産物保管まで一貫した指導・教育体制を敷いている。

韓国の「国際協力団」は日本やアメリカの方式を踏襲しつつ、日本超えを意識した活動を行なっている。歴史は浅いが、現地の韓国企業と協力した官民一体方式が特徴といわれる。

中国は日本や世界銀行からの被支援国家であったが、同時に伝統的な支援国家でもある。力を入れてきたのはアフリカ・南米であり莫大な資金力にものを言わせた農場開発や農業技術・道路や鉄道開発に強みを持っている。中国の習近平国家主席が力を傾注してきた、世界を中国と結ぶ「一帯一路」の広がりは、こうした歴史的に積み上げてきた海外支援が下敷きになっている。

（3）国際民間組織

国際民間組織とは、「ケア」や「セーブ・ザ・チルドレン」など、いわゆる国際NGO

がこれに当たる。

ケアは1945年アメリカの市民団体から生まれ、日本などの敗戦国向けの食料支援活動から始まった。本部はジュネーブにあり、48年には横浜にケア・インターナショナル・ジャパンを設立、現在は日本支部をはじめ、16の国に支部が置かれ100か国以上の国に対する支援活動を行っている。事業の幅も随時拡大され、貧困解消・自然災害支援・ジェンダー支援など幅広い活動を行っている。

セーブ・ザ・チルドレン・インターナショナルは、子どもの飢餓救済支援活動などを行なうため、1919年イギリスで誕生した。国連の「子どもの権利条約」へとつながる活動を担い、現在、日本を含む29か国のメンバーが連携、約120か国の子どもに対する支援活動を行っている。

（4）日本国内組織

「ハンガー・フリー・ワールド」（本部東京・1984年設立）はアメリカの本部から独立、飢餓のない世界をつくるための開発途上国における事業、世界各地における啓発活動、アドボカシー、青少年育成を目的とする組織で、飢餓撲滅そのものを前面に謳う。

活動・組織面でも堅実であり、現在の活動対象は日本、バングラデシュ、ベナン、ブルキナファソ、ウガンダなどである。

「フードバンク山梨」は地域の各種事業所と提携、食品ロスを解消する意向を持つ企業や商工業者と提携、食生活に困る子どもたちに提供するフードバンク活動組織である。設立は2008年、活動に賛同し、組織を支える行政・企業・個人など多数の地元協力者がある。

組織それぞれには特有の役割があることは認められるが、飢餓の原因自体の解消、農業や農産物の生産や配分のあり方の改善や補強に入り込むことは避けられているように見える。

残念なことに食料危機・「隠れ飢餓」の解消に対しては、いずれも機関・組織も取組み成果には疑問符を付けざるをえないのが実態である。その理由はそれぞれの機関・組織が能力を発揮していないというよりも、本書が求めるような役割そのものをはじめから与えられていないためといえる。今後は、そのような取組み体制の充実やより積極的な情報発信が大きな課題だと思う。

第4章

飢餓人口シミュレーション

穀物の生産・消費長期予測

第2次世界大戦が終わってある程度の落ち着きを取り戻すと、宇宙・医療・防災・食品加工・アパレル・半導体・自動車・航空機・IT・映像・資源探索・軍事などの基礎的な分野で、人類は過去を一気に引き離すさまざまな革新を成し遂げてきた。

しかしいまだ成し遂げられていないことが、人類には少なくとも、2つ残っている。1つはだれも飢えることのない日常を送ることができる社会の実現であり、もう1つが兵器を無用の長物として各国が捨て場所探しに協力しあえるような平和の実現である。

この2つには互いに大いに関連するところもある。飢える国民は農工間格差、内戦や国家間の戦争や紛争の犠牲者であることが多いからである。ただし一見なにもなさそうな国にある飢餓は、その国自身の責任か自然地理的な事情による場合が多い。

いずれであるかにかかわらず、人類のすべてが飢えの恐怖から解放されることが史上一度もないままに、国家間対立・気候危機・人口増加・世界的に広がる農業担い手の減少と、ますます食料事情が悪化する時代にあるのが現実である。

本章では、21世紀末までの長期間に世界の穀物生産と穀物需要そして世界に生まれる飢

図表11　飢餓人口・穀物生産・世界人口の予測

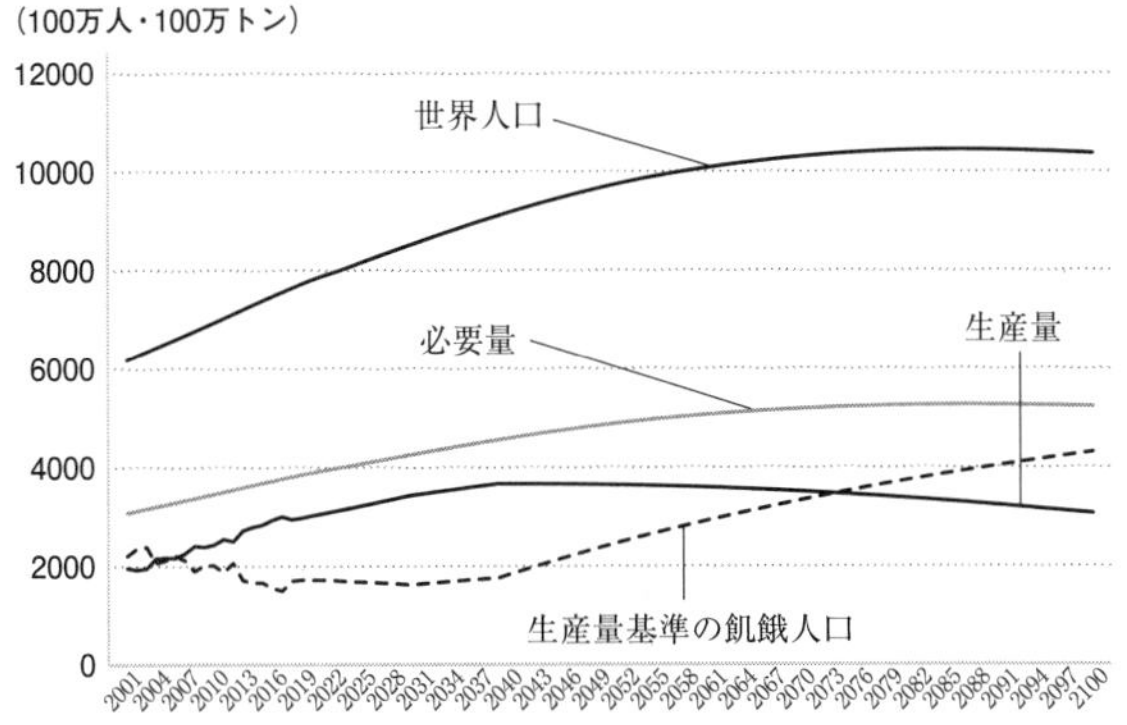

出所：国連人口統計、FAO統計等から筆者作成。
飢餓人口：（必要量－生産量）を500kg（「必要量」を参照）で除したもの。
穀物生産量：気候変動に関する政府間パネル（ipcc）「1.5℃の地球温暖化」2018（減収30年にマイナス10%、50年マイナス15%と見る）、FAO「世界の食料状況」2022.12、2069-2999年を1983-2013比で減少するとみる（小麦は増加）、J・Jägermeyr他「地球の農業への気候の影響は新しい気候モデルと作物モデルではさらに早期に現れる」（2021）等を参考に筆者試算。
世界人口：国連人口予測（2022年）。
穀物必要量：全用途１人500kgを必要とする世界人口分。500kg/人については巻末資料を参照。

餓人口をシミュレーションし、その背景を紐解いてみることにしよう。**図表**11は、２００１年から２１００年までをカバーした世界の飢餓人口を穀物生産量（飼料や加工原料等に使用するものを含む）、人口の見通し、穀物必要量からはじき出したものをグラフに描いたものである。

穀物生産量を長期的に予測することは生やさしいことではない。気候変動・自然災害・穀物作付面積・灌漑の施設整備・品種改良・肥料や農薬の変化・栽培方法の変化・消費者の嗜好変化・食生活の変化・所得状況など多角的な要因（専門語では説明変数などという）が関係してくるからである。

長期予測を難しくしている理由は、このように考慮しなければならない要因が多いためだけでなく、それぞれの要因自体を動かすさまざまな小さな要因が幾重にもくっついており、数値や変化をつかむことがとても難しいからである。

こうした複雑な要因を考慮して膨大な数の方程式（専門語で重回帰分析という場合もある）をつくり上げ、あとは数値を当てはめてコンピュータに任せて計算をするのが予測方法の1つで、このような方法を使えばいかにも理論的なように目に映る。

しかし本書はこのような方法ではなく、1つひとつの項目（生産量・飢餓人口など）は過去の動向を重視し、今後の客観情勢を勘案して行なうアナログ予測の手を使っている。

その理由の1つは、筆者も重回帰分析くらいはできるので、実際、試してはみたものの、過去数十年間の実績値を当てはめて試算しても、とんでもない数字をはじき出すだけだったからである。入梅の時期予報すらはずす最近の天気予報と同じとはいわないが、コンピュータ頼みには限界がある。

世界穀物生産は2039年がピーク

世界穀物生産量（コメはモミ付き・穀物の副産物を含む）は２００1年19億８０００万トン（実績）だったが、２０２０年に1・5倍以上の30億３０００万トン（実績）に、２０３９年に36億８０００万トン（予測値）に、約40年間で約1・9倍になることを示している。

この増加をもたらした基本的な理由は化学肥料（窒素肥料だけで２６００万トン増加）と化学農薬の大量使用に加え、耕作放棄地が1億ヘクタール以上ある一方で、穀物作付面積がこの20年間で15％に当たる1億１０００万ヘクタール増加し、さらに耕地面積1単位当たり生産量が増えたことにある。（使用したＦＡＯ統計によると、増加は10アール当たり小麦59キログラム・トウモロコシ１４０キログラム・コメ76キログラム・大豆31キログラムなど）。耕作放棄地がもう少し少なければ、穀物生産量はその分増えたにちがいない。

２０４０年に、世界人口は22年の80億人から数えて18年間で11億人増え、91億人になるとみられている。

この頃に年間の穀物生産量はピークを迎え、以後少しずつ減少していく模様である。その最大の理由は気象学者をして過去の人類史になかった「未知の領域」に入ったといわしめるほど深刻な地球温暖化（国連のグテーレス事務総長は「地球の沸騰化」の時代に入ったと述べ始めた）の進行、新規の耕地開墾の停滞、世界的な都市化による農業従事者の減少、土壌の劣化、化学農薬の効き目の低下などである。高収量新品種の登場なども期待されるが、同時に高い栽培技術も要求されるのが一般的なので、効果は限定的と見られる。

２０５０年の穀物生産量は36億６０００万トンにやや減少、この傾向は世界人口が１０４億人のピークを迎えると予測される２０８７年を経て、２１００年に引き継がれていく見通しだ。この年の予測生産量は31億トン、ピークとみられる時を5億８０００万トンも下回る見通しなのだ。その理由は後述する。

人口は減りはじめているとはいえ１００億人の大台を優に超える状態ながら、穀物生産量は減少する年が60年間も続く可能性がある。もしこれが事実になれば、人口が減少して穀物の１人当たり分配量が増加に転じるまで、人類は経験したことがない大飢饉の暗くて長い時代を過ごさなければならない。もちろん人類が半世紀以上もの長い間を大飢饉のままやり過ごすとは考えにくく、穀物に代わるさまざまな人工食料などの開発を進めることは想定できる。しかしそれは本書が持つ食の思想とはかけ離れた、人類がまったく別の食生活に移ることを意味することでもある。

図表12　中国・インドの穀物需要見通し

		人口（百万人）	主要穀物需要（千トン）	GDP/人（ドル）	経常収支
中国	2010	1,344	548,274		恒常的黒字
	2020	1,424	746,573	10,228	恒常的黒字
	2035	1,401	880,000	20,000	?
インド	2010	1,232	251,025		恒常的赤字
	2020	1,390	294,977	1,930	恒常的赤字
	2035	1,563	780,000	6,400	黒字転換

出所：人口は国連、穀物需要はFAO/筆者試算、GDPは世銀他、経常収支は世銀他。
注：穀物は小麦・コメ・トウモロコシ・大豆。

食料危機の震源はアフリカだけではない

２０２０年の世界人口78億人のうち、たった２つの国で28億人（36％）を占める中国とインド。

中国は、一国で世界の穀物輸入の16％を握り世界の穀物市場を揺るがす影響力を持つ一方、今後経済力を増すとの声が大きいインドは、中国を超える食料消費大国にのし上がることが目に見えている。

図表12は、その見通しを占う材料の１つである。食料消費の量的な増え方は人口の増え方・所得の増え方・国家の経済力との関係が強いので、順番に見ていくとしよう。

まず人口である。国連は２０３５年の世界人口を88・5億人、うち中国14億人・インド15・6億人、合わせて30億人とみている（２か国で34％を占める）。

次いで国家の経済力のモノサシでもある1人当たりGDP。2020年時点、中国は1万ドルと少し、インドは1930ドル、両国とも先進国レベルからかなりかけ離れ、特にインドはケニア・バングラデシュ並みの低レベルである。

しかし予想される2035年では、中国がいまの2倍の2万ドル強、インドが3倍強の6400ドルに達するとみられる。そのとき、国全体のGDPは中国がアメリカを抜いて、世界一に躍り出る可能性が高いとする専門家が少なくない。インドは世界第3位になる見通しだという（日本は10位程度とみる専門家が多い）。

インドの2020年当時の食料輸入量は国内需要の1%にも達していないが、これは経常収支が恒常的に大幅な赤字構造にあり、輸入制限がかかっているためでもある。

1人1日当たりの摂取カロリーでは、インド人は2320キロカロリー、中国人を1200、日本人をも100キロカロリーも下回っている。インド人の青年男子の平均身長はほぼ日本人並みであり、体格を基準にすると摂取カロリーが少ないことがうかがわれる。

もっと食べたいインド人は経済的理由から、食料の輸入が増やせない状態に甘んじてきたのである。しかし経済成長が本格化しつつある中、経常収支は黒字に転換することが予想され、輸入を抑えてきた足かせは一気に解けるであろう。

となると、食料輸入は国内消費の必要な分だけ増える可能性がある。食料輸入を決める基準は経済力だからだ。

人口・経済力・国際収支、三拍子そろった力をつける中国とインドは、世界食料需要の面でも世界の頂点に立つ可能性が十分にある。

将来、たとえば2035年の主要穀物（小麦・コメ・トウモロコシ・大豆）の需要見込み量は中国が8億8000万トン、インド7億8000万トン、合わせて16億6000万トンに達するとみられる。中国の人口はピークを越えたといわれるが、再び増加する可能性もあると同時に、所得の向上が社会の隅々に浸透することによって濃厚飼料による高級な畜産物需要が大幅に拡大するだけでなく、高級小麦粉やスイートコーン、ビール原料の大麦などの需要が高まることが予想される。

このときの穀物の世界生産量は35億7000万トンと見込まれ（先にあげた図表11を参照）、中国とインドがその半分近くを食べるという、信じられない事態が起こりうる。

繰り返しになるがそのときの世界人口は88・5億人、中国とインドを除くと58・5億人、強者の中国とインドという2つの国家の取り分を除く穀物の残りは19億トン。これを残る58・5億人が分け合うとして1人当たり分配量はわずか320キログラム、畜産物の飼料分や加工用途その他の用途分を合わせると、約200キログラム近く不足するであろう。2035年以降、中国とインドが食料を奪い、世界の畜産物生産がこのまま増えていくと、経済力の乏しい国を想像もできない飢餓が襲う可能性がある。

第1章で述べたが、1人当たりの穀物が500キログラムはないと、世界の飢餓は解消されないことがこれまでの経験が示す基準値である。経済レベルがなお低いインドが取ろうとしている方法は、遺伝子組換え穀物の大幅な植え付けであることが明らかになっている。この点は別の箇所で紹介しよう。インドばかりではなく、同じような対策に多くの国が触手を伸ばしている。

日本のXデー

21世紀に入ってから、世界人口の3割はすでに飢餓におかれていたと見込まれる。飢餓の分かれ目となる1人年間500キログラムの穀物を自前では確保できない人口のことである。

500キログラムを人口の数だけ掛け合わせた穀物の量が世界の穀物必要量となるが、当然なことだが人口が増え続ける限りこの数字も増え続ける。

2019年の38億6000万トンが2023年に40億トン、2038年に45億トン、2059年に50億トン、2087年まで増え続け、52億トンでピークを迎える。しかし予測される生産量は必要量を大きく下回る。毎年の穀物生産予測量を必要量で割ったものを「世界穀物充足率」とすると、2019年78%、23年79%、37年81%、生産がピークに達する39年81%、57年72%、89年62%、95年60%という数字になる。過去の経験値から「世界穀物充足率」が70%以上であれば、経済力のある国は貧しい国を押しのけて自国の必要穀物を量的に確保（輸入）できるようだが、この充足率が60%台に突入する64年以降に起こる事態は予測がつかない。

経済力のある国民は、不足を輸入でしのぐことができるので飢餓そのものに陥ることは避けられてきたが、実質的には「隠れ飢餓」といえる状態にある。他方では経済力の乏しい国民に飢餓を押し付けていることになり、食料危機はほとんどの国が抱える問題であり続ける。

日本はその「隠れ飢餓」にある国の1つだが、「見える飢餓」の国と合わせると、そこに住む実質的な飢餓人口は2019年には17億4000万人を数える。2030年頃、穀物生産量の増加から、飢餓人口はいったん減少して16億4000万人になると予測できる。

しかし世界人口が急増する2035年に再び増加、17億2000万人となる見込みである。

さらにその後は人口の増加の一方で穀物生産量の頭打ちから、飢餓人口は再び増加の足を速める。穀物生産量がピークを越えるのは2047年、飢餓人口は22億5000万人、2062年に30億人、2089年には40億人を超えると予測される。**図表**11のように、その数は右上がりの線を描くだろう。もちろん、この予測は飢餓の世界的な拡張が人口の増加を抑えてしまうことがない限りのものである。

このような世界の食料供給システムの下で、日本が飢餓を隠し続けられるかどうかは、経済力水準がいまと同じくらいにとどまることができるかどうかにかかっている。日本はGDPの世界ランキングが低下し続け、2035年頃には残念なことだが、G7から脱退せざるをえない可能性を否定できないほどだ。

すでに国際食料市場現場では、日本の経済力の弱体化を反映して、アメリカ産やオーストラリア産牛肉・中国産の卵・小麦・大豆・クロマグロ・イカ・タラバガニなどを他国に買い負ける事態が広がっているという。

日本が買い負けを続けるようになると、食べる量や質を落とさざるを得なくなろう。国産を増やそうにも経営環境の厳しさが増し、そこに農家がいなくなる事態も捨てきれない。

信じたくはないが、日本には、このXデーが刻々と近づいて来ていることを真剣に考えなければならない。

100万人の餓死者

けっして過大な数字ではない。毎年の餓死者の数である。国連関係者の見方はもっと厳しい。

2019年の餓死者をWFPは113万人としたが、世界の飢餓状態にある人口17億4000万人の0・065％に相当する。なおWFPは別のところで、毎年300万人以上の子どもが食料不足が原因で死亡しているというが、この数字の背景には新型コロナの流行が遠因となっており、平年ベースではもっと少ないであろう。これらの状況を勘案して、本書では年間の餓死者が最低でも100万人は下らないととらえ、この割合を使って今後の数を予測してみた（餓死者数の推計については巻末の「4年間餓死者数の根拠」参照）。

図表11には掲載していないので、ここで紹介をしておきたい。いまみたように世界の飢餓人口見通しは増加する傾向にあるので、これとリンクして餓死者の数も増える見込みである。その具体的な数は、2030年107万人、2035年111万人、2040年1

19万人、2050年157万人と見込まれる。

一般に、餓死者の死因認定は難しいとされる。飢餓が原因で病気に罹患する場合、飢餓が直接の死因の場合もある。また餓死は病名ではないので、医師が死因を別の病気や理由にしなければならない。だから実際の数はもっと多い可能性も否定できないが、100万人と聞いただけでも、こんなにもたくさんの人が飢餓のために命を落とすのかと驚かされる。

しかし、先進国日本の餓死者数（推定）と比較するかぎり、けっして過大な推定ともいえないようである。日本の場合にも餓死を死因とする統計はなく、「人口動態調査」（厚労省）から飢えが原因となる死因（たとえば栄養失調症）の死亡者数で、餓死者数を推定するしか方法はない。

そのようにしてたどり着いた日本の餓死者数は、2021年の場合で2010人程度である。日本より経済状況が劣る国の数や人口などを念頭におけば、あながち多すぎるともいえず、背中に悪寒が走る数字ではある。

気象専門家の警告

本書の飢餓人口シミュレーションは、気象学の多くの専門的見解を参考にしている。

気候変動に関する政府間パネル（ＩＰＣＣ）が２０１８年に出した報告書（「１・５℃の地球温暖化」）は、１９６０年から２０１７年までの間に、地球の平均気温は１℃、さらに２０４０年頃までに０・５℃上昇、合わせて１・５℃の上昇を想定している。

気象学の専門家は地球の平均気温の上昇が１・５℃程度と仮定すると、世界で最多の生産量を持つトウモロコシの生産量は約10％、１・５～２・０℃上昇すると15％の減収をみるとの予想を立てている。日本の気象学者の中には、平均気温が１℃上昇するたび、小麦なら６％減収するとはじく例もある。

これら気象学の専門家の見通しをそのまま当てはめると、１・５℃の上昇で２０２０年のトウモロコシ生産量11億６０００万トンは、２０５０年には、少なくとも10％、１億２０００万トンの減収となりうる。この減収は、最近の中国のトウモロコシ年間生産量の半分を失うことと同じ規模である。

気象学の専門家が２０２１年に公表した国際的な共同研究の結果は衝撃的だった。この研究には日本の国立環境研究所と政府系の農研機構も参加して、１９８３～２０１３年の平均生産量を１００とする２０６９～２０９９年の平均生産量を予測した。日本の２つの研究機関は、これについて記者発表を行ない、関係者に警鐘を鳴らしていた（2021年11月）。

これによるとトウモロコシは75・9、大豆97・9、小麦は117・5、コメは101・7と穀物の種類によってかなりの差が生まれる。

この4つの穀物のなかで最もポピュラーなトウモロコシの量は3割以上を占めるが、それぞれの生産量を合計した予測値は悲惨なもので、年間約30億トンの現在の生産量が10億トン近く減少する、天明の大飢饉のような事態が想定されている。

関連するが、この気象と食料生産に関する共同研究の一員でもある日本の国立環境研究所と農研機構、そして気象研究所は、それ以前にも同様の研究結果を公表したことがある（2018年12月）。

そのときは地球温暖化が穀物の過去30年間（1981〜2010年）の世界全体の平均収量にどのように影響したかについて、トウモロコシ・小麦・大豆の平均収量がそれぞれ4・1％・1・8％・4・5％低下したとしていた。

これと先ほどの共同研究の公表には3年のズレがあり、しかもコメの数値はないが、結果にはあまりにも大きな開きがある。それだけ気候危機の進み方が激しいということであろう。観測値には方法や時点によって、バラツキがあることはよくあることだが、今回のこの2つを比べた場合には、本書の理解を超えた開きがあると言わざるをえない。

それほどまでに、地球温暖化は我々の予想以上のスピードで進んでいるのだろうが、本書は、これをそのまま受け取るには若干の抵抗がある。本書の見立ての方が、どちらかといえば控えめである。とはいえ**図表11**で示したように、本書は、これらの研究結果を否定せず、全体の動向を予測するための参考にしている。

日本の共同通信が2022年8月に配信した、高温など気候変動が農産物生産に及ぼす影響について全国調査した結果を伝えたニュースについては、本書のシミュレーションでは十分に配慮している。いわく、①70品目以上の食料に数量や品質面でマイナスの影響がある、②コメに対する影響が全国的にある、③コメは白未熟粒（コメが白濁）・胴割粒（コメに亀裂）が発生するなど。

コメ農家の敵である白未熟粒に強い「コシヒカリ新潟大学NU1号」の開発など、対策も進むが、温暖化の勢いに勝つことができるかどうかなど、人類の英知が試される機会は今後も増えていくに違いない。

2022年の日本では、全国的に収量が上がらず、獲れたコメの一等米（最上級品質米）

の割合も、例年に比べ低かったとの報道もみられた。農水省によるコメの作況指数も全国的に厳しいものだった。同様のことは、世界最大の食料生産国である中国の中央気象台が発表した資料にも強調されている。アメリカの農業貿易をめぐる異変にも、気象危機が影響している可能性がある。

第5章

世界の飢餓対策

貧困国に国連農場を

このままでは食料争奪戦はさらに深刻化、カロリーとタンパク質の平等な配分を実現することも不可能となろう。本章では、世界がすぐにでもまとまって取り掛かるべき基本的な対策を述べていこう。そのいくつかには多くの専門家が指摘したにもかかわらず実行されてこなかったことと重なるものもあるが、いくら強調してもし過ぎることはないと同時に、本書なりの角度から説明しなおしたい衝動にも駆られるからである。

第3章で述べたことだが各国の政策に立ち入る積極性が乏しいなどの課題はあるものの、まずは広い視野で活動できるFAOを国連農業対策担当の柱とするのがいいだろう。食料危機に対処する国連の組織にはFAO・WFPがある。このうちFAOは、その中核的役割を担っているからである。

活動の柱は国連加盟国の栄養水準の向上・食料（水産物を含む）の生産と国際サプライチェーンの改善・農漁民の生活水準の向上などである。そのためにSDGs目標の下で、FAOは①農林水産物の国際的ルールの取り決め、②情報の収集と分析および統計作成、③国際的な協議の場の提供を行なっている。年間予算は約700億円である。FAOの本部はローマにあり130か国に事務所を設け、1300人以上が各地で働いている。日本は、FAOの活動を支える世界有数の分担金の負担国（年45億円ほど）である。

最近は、農林水産部門は気候変動にどう取り組んでいくべきか、食料危機の現状はどれほど深刻な問題になっているのか、新型コロナの世界的蔓延から起きた食料サプライチェーンの崩壊にどう対応すべきかなど、今後のさまざまな同類の事態の発生を念頭に、いま起きている問題ばかりでなく、将来の変動に備える意識啓発など重要な活動を行なっている。

すでに指摘したことだが、もう一段上の活動、具体的には国連が主体となった世界の統一的食料生産計画及び各国の食料自給率のミニマム策定、有事における食料の供給の枠組みの提案、あるいは自らがその役割を担う分野への直接的な進出を考えてほしいものである。

FAOは国連「家族農業の10年」（2019〜2028）を策定、世界の家族農業の再評価と持続的な活動支援事業を始めたところでもある。主な内容は、①家族経営農業を持続可能な発展の担い手として認め、さらなる発展をめざす包括的な取組みを策定、②そのため各国政府・国際機関・学術研究機関・企業などが詳細な行動指針を策定することを支援する、という提案である。

家族農業についての国連の評価は肯定的である。国連は世界6億戸以上の農場の90％が個人・家族経営によって担われ、世界中に家族農業が支配的な環境を守り、発展させていくことが貧困と飢餓を乗り切るには不可欠だと考えている。しかし実際は、家族農業以外の法人経営や協同組合農業など、多彩な組織形態をとる農業経営が大きな役割を担っている。家族農業を守るには掛け声だけでは無理で、合理的な所得保障や農業技術普及が絶対条件のはずである。

これらに加え、本書は農業経営の危機と飢餓という2つの危機の克服のために、ＦＡＯが音頭を取って、「国連農場」を貧困国に設置することを提案したい。

国連農場の概要はこうだ。

・位置づけは国内農場の経営モデル的存在だが、国連を主要株主とする株式会社
・農場設置者は各国政府か政府募集の民間人
・最低でも数百ヘクタールの農地・借地期間は50年以上
・国連が農業技術専門家を派遣
・生産物は穀物・畜産物
・初期投資の農業機械や施設は国連が貸与

・生産物は原則として国内市場価格で国内販売
・農場に国内農家育成のための農業教育機関を併設
・人材の国際間交流をはじめとして各国の国連農場は連携し共同の発展を実現

これにはフードメジャーが反対する可能性があるが、彼らの生産量を全部足しても需要にほど遠いのだから、けっして彼らの利益を損なうことにはならないと思われる。

国連農場の設置候補国は、原則として1人当たりGDPが1000ドル以下で経常収支が慢性的に危機的な状況にあり、そして食料の増産も輸入もできないカロリーベース食料自給率が高い国を優先する。

まずは第一次候補としてチャド・マリ・ニジェール・ブルキナファソ・トーゴ・エチオピア・ウガンダ・コンゴ共和国・ザンビア・ブルンジ・中央アフリカ・ギニアビサウ・ルワンダ・マラウイ・タジキスタン・アフガニスタンなどを優先的な候補とし、順次、世界に拡大していってはどうだろうか。

耕作放棄地の把握と整備を

世界を飢餓から救うには、まずは食料の生産を増やせる国は増やし、各国が責任を持って、能力不足の国に対しては国連が支援することとし、主要穀物に関する世界統一的な価格補償制度を設置しながら小売価格水準を下げることである。主要な穀物生産国に限れば生産量が増えていることも事実で、ウクライナやロシアはともかく、アメリカ・ブラジル・オーストラリア・カナダ・アルゼンチン・インド・タイ・ミャンマー・ベトナムなどが重量当たり利潤率の低下を販売量の増加でカバーできればさらなる増産が可能となり、貧困国がかなりの量を輸入できるレベルまで価格が下がる期待が持てる。

この10年間に限ると世界の主要穀物の生産量は小麦19・0％、コメ5・7％、トウモロコシ29・9％、大豆44・8％とそれぞれ増加している（AMIS）。しかし短期間の動き、2021／22年度から2022／23年度の1年間では、小麦0・6％増、コメが2・4％減、トウモロコシ3・7％減、大豆10・5％増の見込みであり、全体としては、第4章で述べたように2040年頃までならばなんとか微増傾向を維持しそうである。

ただし穀物生産量が増えるには、さまざまな条件が必要である。そのうちの一つが耕地面積の増加あるいは生産性の向上である。国によって生産性の向上にはバラツキがあり、全体としての生産量増加を期待するにはやや心もとない。

EU・アメリカ・中国などの資料から世界には1億ヘクタール以上の耕作放棄地がある

とみられる。これをまとまった耕地にするための区画整理・灌漑施設の整備をして生産現場に戻すことである。これには莫大なコストがかかるだろうが、ＦＡＯはまずはその実態を把握し、先進国は自国予算で、他の国は世界銀行や各国のＯＤＡなどを総動員してでも実行しなければならない。

飼料向け穀物を半分に

第3章において、畜産物が飼料として消費する膨大な穀物の問題を取り上げた。人口増加に比して増加しない穀物生産量が予測される未来においては、人と家畜の穀物の奪い合いのような本末転倒な事態になりかねない。

そこでもし5億トンを人間の食料として取り戻すことができれば、1人1日当たり必要な2400キロカロリーを確保したうえで、世界人口のどれくらいを飢餓から解放することができるだろうか？

畜産物を除いた場合、ヒトは計算上穀物を年間250キログラム食べれば1日当たりで2400キロカロリーを確保できる。小麦・コメ・トウモロコシなどの穀物は平均して1キログラム当たり3500キロカロリー程度であり、だから年間にして1人当たり約25

0キログラムの穀物を摂ればよいことになる。

このようにして5億トンを人間の直接の食料に取り戻すことができれば、20億人、現在の地球の人口80億人の4人に1人を飢餓あるいは隠れ飢餓から解放することができるだろう。

他方、飼料穀物が5億トン減ったことによる畜産物生産への影響は飼料要求率を3とすると、1億6700万トンが減ることとなり、全体として1億6700万トンが残ることになる。

その減少分は、何人分のカロリーを失うことになるだろうか？ 1人1日当たりの必要カロリーを2400キロカロリー、年間にして87万6000キロカロリーは変わらないものとする。結果は約4億人となり、5億トンの穀物を直接の食料に回すことで生まれる20億人から4億人を差し引いた16億人が結局助かる勘定になろう。

畜産物のための飼料を減らした場合の効果は明らかである。

畜産物1キログラム当たりのカロリーの最大は豚肉平均3860キロカロリー、最低は牛乳の640キロカロリー、これに牛肉・鶏肉・鶏卵を合わせた平均を2000キロカロリーとすると、畜産物1キログラムを食べても、必要とする2400キロカロリーの83%

程度しか満たすことができない。あと200グラム多く食べることが必要な勘定である（2000キロカロリー×1.2）。これに対して穀物1キログラムの平均は3500キロカロリーなので、1日当たり686グラム食べるだけで十分である（3500キロカロリー×0・686）。

畜産物は穀物の57%しかカロリーがなく、効率が良くないともいえる。畜産物を食べるほどに地球には飢餓が増える、ともいえよう。

畜産物は現状よりも約1億6700万トン少なくなるが、その方が地球に住むヒトの食料向けの穀物供給量が増え、飢餓で苦しむ人類を救うことができるとなればベターな選択ではあるまいか。

生産した穀物を人間と家畜とでどう分け合うかを、衰えつつある地球の体力と相談し、どちらが飢餓を救う対策として有効なのか選択せざるえない局面なのである。

だからといって、動物性タンパク質は人間の身体にとって原則的に不可欠なので、畜産物をなくすことはできない。すべての牛肉や豚肉をやめて穀物に回そうとか、はては昆虫食を摂ろうとかいうのは非現実的だ。1日に摂るべきとされる60グラム程度のタンパク質の1割に当たる動物性タンパク質5～6グラムは、畜産物か魚介類などから摂ることが必要とされているからである。

先進国による100・200目標

（1）先進国は1人1日100グラムの節約を

先進国に住む人々は概して食べ過ぎといわれる。先進国に中国を加えた世界人口の23億人が、1人1日100グラムの穀物（食料・畜産物飼料・加工食品・工業原料などすべての用途）を節約すると、年間8400万トンの節約になる。これらの節約された穀物は、食料の不足する国へ適切な価格で買われていくはずである。だが主食がごはんやパンの国が主食の消費を減らす一方で肉食を増やしてしまうと、この計画は破綻するので難しい面はあろう。すでに述べたように畜産向け飼料は非常に効率が悪いため、肉を食べるほどに穀物消費量は逆に増えてしまうからだ。

ビフテキやローストビーフが好きなアメリカ人・イギリス人の1人当たりパンの年間消費量は25キログラム程度といわれるが、これはフランス人・オーストラリア人・イタリア人・ロシア人は50〜60キログラムといわれ、国によって大きな差がある。トルコ人はフランス人などの3倍とさらに多い。日本と違い、主食の概念が乏しいので、パンの比重が最大というわけではないからあまり意味はないかもしれない。ただ、肉を食べる量を減らすとパンの量は増える関係にあるようだ。

だから日本人はごはんの量を増やし、パン食が減っている欧米人、特にアメリカ人やイギリス人は肉食を控えてパンを食べることで節約が可能になるというわけだ。

また、主に先進国の肥満に注目する世界肥満連合（WOF）によると肥満人口は2035年までに40億人にものぼるという。いまの食品ロスも世界で約10億トン（後述）、1人1日当たりでは342グラムにも当たる。こうしたことも各国政府が国民に働きかけて改善できれば、1人1日100グラムの節約は十分に可能なはずである。

（2）先進国は1人1日200グラムの増産を

一方、これら23億人が暮らす国々が、全体で1人1日200グラム当たりの穀物生産を増やすと、年間で1億7000万トンの穀物を増産することができる。生産が増えると価格は下がる傾向になるだろうから、その増加分を食料の不足する残る57億人に販売するのである。この57億人の住む国々に対しても、増産ができるところには協力をお願いする。ここに協力が増えれば増えるほど、不足する穀物を地球全体で負担する広がりができる。

は、前述した世界統一的な価格補償制度の効果が表れる可能性がある。

途上国の無理のないところで、先進国より50グラム少ない、1人1日当たり150グラムの穀物の増産をすると、年間3億トンあまりの穀物を新たに手にすることができよう。

これに必要な耕地面積は1ヘクタール当たり収量を標準的なレベルの5〜6トンとすると、5000〜6000万ヘクタール、全世界の耕作放棄地面積は1億ヘクタール以上あるとされているので、数字上は十分に賄える勘定だ。

以上の2つの対策を合わせると、全体では5億トン程度の増産、これに対して世界で不足する穀物は筆者の推定では約8億トンなので十分ではないが、不足量は約3億トンに縮小することが期待できよう。もしあと、1人1日100グラムのロスを解消できればこの不足も消えるだろう。

遺伝子組換え作物とゲノム編集食品

遺伝子組換え作物については収量の規模やその安定性ではなく、安全性についての不安が解消されていない。遺伝子組換え作物で一般的なのは、除草剤をまいても枯れなかったり、特定の害虫に強い遺伝子を組み込んだ作物をつくることである。

遺伝子組換え作物は、さまざまな食料生産に使われている。遺伝子組換え作物は世界の29か国、世界のすべての栽培可能地13億8700万ヘクタールの13・6%に当たる1億9000万ヘクタール以上の土地で栽培され、さらに広がりを見せている（2019年、バイテク情報普及会）。

最大の生産国はアメリカ、そして同国は最大の輸出国でもある。遺伝子組換え作物のトウモロコシ・大豆は各国から日本向けにも輸出されている。国際アグリバイオ事業団（ISAAA）などの資料によると、アメリカ・ブラジル・アルゼンチン・カナダなどではトウモロコシ・大豆・ナタネなどの80%以上がこの技術を使って栽培されている。生産国と生産量は年々増加傾向にあり、安全性への不安は消費者から消えていない。「カルタヘナ法」（生物多様性に悪影響が及ばないことを目的とする国際規制）という国際的な利用規制があるのもそのためである。

このため、食料危機を緩和または解消に貢献できるかどうかには懸念もある。実際EUは遺伝子組換え作物の生産を禁止、日本や中国は自国産の組換え作物の穀物の販売を禁止している。このように遺伝子組換え作物の栽培・市場化を禁止する国・地域はまだ多い。

しかし、飢餓が深刻になり、これまでに想像もできないほど熾烈・悲惨な食料の奪い合いが世界レベルで起きそうになった際には、遺伝子組換え作物の栽培が奨励されることはありえるのではなかろうか。

なおアメリカの遺伝子組換え作物の栽培面積は7150万ヘクタール・ブラジル5280万ヘクタール・アルゼンチン2400万ヘクタール・カナダ1250万ヘクタールなどである。最も多くの品目を栽培している国はアメリカで、トウモロコシ・大豆・ジャガイモ・ナタネ・リンゴなど10品目、ブラジルはトウモロコシ・大豆・サトウキビなど4品目、アルゼンチンはトウモロコシ・大豆など4品目、カナダはトウモロコシ・大豆・ナタネ・ジャガイモ・サトウキビなど6品目、インドが綿（インド綿）などであるが、今後穀物栽培の方向へ舵を切る可能性もある。これらの作物が、それぞれの国で遺伝子組換えによって栽培されている割合はほぼ100％という（2019年、国際アグリバイオ事業団）。

日本と中国は、これらの国から多くのトウモロコシ・大豆・ナタネ（カノーラ油の原料）などを輸入している。

ゲノム編集食品も遺伝子操作食品の一種である点では同様であるが、遺伝子組換え食品のように異種の遺伝子を組み込むことはしない。たとえば小麦の持つ遺伝子の一部を切ったり、足したりして、小麦の遺伝子配列自体を動かし小麦の収量を増やしたりおいしい味に変えるなど、特定の自分の遺伝子をまさに編集することを可能にしている。

日本の成功例では血圧抑制トマト・肉厚のタイ・ふぐなどの実用化実現が報道されている。この方面の技術が最も進んでいる中国やアメリカでは、収量の多い穀物や野菜・成長の早い家畜や魚介類などの実用化の一歩手前の段階にあるものが目白押しとなっている。どの国の場合も、これらは厚い「秘密特許制度」(国家戦略として、公開しない特許権を指定すること)で保護され、国家戦略として最近重視されはじめた経済安保政策の保護対象になるものが多い。

遺伝子組換え作物に比べると、実用化され市場に出回っているゲノム編集食品はなお限られている。しかし技術的にみると「クリスパー・キャス9」というあたらしい編集技術が2020年のノーベル化学賞を受賞したように、画期的な進歩が期待されている。

こうした情勢の下で、多くの品目のゲノム編集食品の市場化はそれほど遠くない将来には実現する可能性があり、食料危機に対する備えとなることが期待できる。

若者を惹き付けるスマート食料供給システム

世界の先端技術が食料供給システムを改革しはじめている。この勢いはさらに大きくなる可能性があるし、行政の後押しの継続性・積極性が期待されている。「スマート農業」がその一部分を担っているが、労力の節約と効率化のために、今後は、さらに改良が進むであろう。特に、食料の川上から川下までの生産・保管・輸送・販売・家庭までの一貫したスマート化が発展しつつある。

生産現場ではトラクター・ドローン（播種・施肥・農薬散布・生育管理と予測）・田植え機・コンバイン・脱穀・保管・荷積みまでの工程の無人化・人工知能を駆使した管理作業と実働作業の自動化や簡便化が図られようとしている。

穀物のみならず、畜産物の個体健康管理・給餌や搾乳・乳質や肉質管理・糞尿処理・家畜輸送・屠畜と解体・精肉冷蔵冷凍・保管・市場動向・販売管理・会計処理・入出金管理などについても、自動化・省力化処理の見通しが現実的なものになってきた。

野菜・果物の一部の品目に止まっているが、大規模な自動化されたガラス・ビニール温室、街なかで栽培・販売できる植物工場（コンテナ栽培）なども、年間を通じた栽培を可能にする空間として、さらに発展する条件を備えている。

日本でも多くの一般企業、例えばデンソー・トヨタ・日本製鉄・オリックス・パナソニック・JTB・ワタミ・イオンなどがこの分野に進出を試みている。農家の立場から見ると、まだまだ、お遊び程度にしか映らない部分も否定できないが、「スマート農業」は若者を呼び戻し、飢餓を回避できる新しい食料供給システムの一部になる可能性を大いに秘めている。技術的に最も進んでいるのはアメリカ・日本・中国・韓国・ドイツであり、なかでも中国の取組みは国家的で、技術者の層も厚い。若い研究開発者はコンピュータのソフト開発に抜きん出た能力を持っており、これに大学や研究所・メーカーが混合部隊を結成しながらもハード・ソフト開発に激しい競争を繰り広げている。

各国で開発された技術が世界に広がっていくことで、飢餓の壁を越える生産・供給システムが誕生することに期待したい。

農地土壌改良の新技術

化学肥料は農産物を栽培するうえでは効果が大きいが、長い期間の散布は地球の皮膚である土壌を破壊し続け、土壌からの廃液が地下水や河川・湖沼の汚染を招くリスクも否定できない。

化学農薬は微生物・害虫を退治する効果が絶大だが善玉微生物や益虫までも退治し、生態系バランスを破壊する性質がある。微生物や害虫に耐性を生じさせ、薬効が低下、より強い農薬を生み、細菌や害虫の薬物耐性をより強化する悪循環体系をつくり出す性質がある。化学肥料と同じく、地下水や河川・湖沼汚染を招くリスクもある。

化学肥料や化学農薬への依存は、土壌中に元々あった15%の土壌微生物を2%に減らし、有機農業など生態系に準じたシステムに変えても、回復率は5~6%にとどまるという研究報告もある。そのくらい、化学肥料と化学農薬は地球の皮膚を破壊したことになるが、その累積量はどのくらいになるのだろうか?

化学肥料の3要素、窒素・リン酸・カリを合わせると、2020年に世界中で約2億トンがまかれたという。2010年の15%増しである。この10年間の化学肥料使用量を合計すると、約19億トンとなる。化学農薬の散布量は2020年が266万トン、2010年よりも2%増えた。最近10年間でまかれた化学農薬の合計は2600万トン程度とみられる。10年後も2%程度増えるとすれば、合計量は3200万トン程度になる可能性がある。

化学肥料に代わる技術について、有機農業研究の第一人者である胡柏氏は、化学肥料がなくても、発酵鶏糞を使うなどすれば生産上、何も問題はないという実際の農家事例を詳細に述べている（『有機農業はどうすれば発展できるか』農山漁村文化協会、2022年）。下水汚泥に含まれるリンなどの肥料有効成分を化学肥料の代わりにしようとの動きも、さらに広がりを見せ始めた。これらも新しい食料供給システムを支えるものと考えられよう。

よく「土壌」と「土」そして「土地」が混同されることがあるが、土は物質概念として、土地は社会科学的概念として区別できる。土壌はヒトが数百年・数千年をかけて開墾し耕し、肥料を施し、かたちを保ってきたヒトのつくり物であり、実用的・理系的な性格を持つ。

本書は土壌の実用的な面に焦点を当てたい。地球の皮膚を農地土壌に例えると、皮膚に生える産毛は土壌に育つイネや麦の茎に例えることができる。体力の疲れや内臓の疾病がヒトの肌に警鐘を鳴らして現れるように、地球の皮膚である土壌も、その深い土壌構造や水脈に異常があると異変を知らせるようにできている。

ヒトの手によってつくられた土壌が、ヒトのせいで悲鳴をあげる現象が世界規模で起きている。残念ながら世界的な土壌調査結果をまとめた資料はないが、部分的・事例的な調査のうち中国が2014年に行った全国土壌調査を使ってみよう。

この「全国土壌汚染状況調査公報」（2014年）は、中国630万平方キロメートルの農地・林地・草地などを対象として、２００５〜２０１３年という長期間をかけて実施した土壌調査である。面積に関しては世界最大の土壌調査である。

驚くのはその結果であり、土壌の16％がヒ素・カドミウム・水銀・クロム・亜鉛など有害物資が中国の定める汚染基準値を超えていたという。重金属による土壌汚染は、中国に限らず化学肥料や化学農薬を使うところではどこでも、土壌硬化・善玉微生物が消滅するなどの被害が広がっている。

農地土壌の荒廃は炭酸同化作用のための緑の減少などを通じて、地球温暖化への影響も非常に大きいとみられている。他方、温暖化による干ばつや豪雨、降雪量の減少による土壌水分の蒸発、土壌微生物の死滅など、農産物の生産性を悪化させる要因が複合的に起きているからだという。

地表の気温上昇は土壌中の微生物やバクテリアにとっては災難でしかなく、地中温度が50℃にも達し、我慢ならないで地表に這い出て命を絶つこれらの生き物が地球上に増えている。

こうした惨状を押しとどめようと、さまざまな土壌改良剤や新技術が生まれ、加えて牛糞の利用も手広く行われているが自然の変貌に適応するには限界がある。

食料生産を担う側ができることを取組まなければ、環境は悪化するばかりで、やがて自分にも災難となって跳ね返ってくる。土壌の有機物やバクテリアを増やすためには、家畜の飼養を廃絶することはできない。一方で、メタンガスの発生源として懸念される、世界で飼養されている15億頭余りの牛の飼養頭数をどうするか、という矛盾がある。飼養頭数の削減も、貴重な穀物をヒトに戻すための重要な条件の一つでもある。

このジレンマから逃れるには、飼養頭数を一定程度は削減、飼養方法は全頭を舎飼いとし、ガスを吸収し再利用する方法を編み出す以外、難しいのではないだろうか。実際に、日本ではこのような飼育方法が、実用化の段階を迎えている。

代替畜産物の可能性

畜産物に代わる代替畜産物が商品化を目指す最近の業界には、勢いが出てきた。

代替畜産物の具体的な例は人工肉・豆乳・シカ・イノシシなどの野生動物の肉類や加工食品である。人工肉は、一部がすでに商品化され店頭やインターネット販売で手に入れることができる。豆乳はすでに製法としても商品としても確立し、店頭で普通に販売されるようになった。シカなどの野生動物は、害獣駆除が生む副産物だが、旅館や専門の食堂などで食べることもできる。日本は２０１９年に国際捕鯨取締条約から脱退し、クジラ資源の科学的な管理のもとで捕鯨が可能になった。クジラ肉は代替畜産物として豊かな栄養成分を持つので許される限り、食卓に上るためのさらに積極的な行政的取り組みをすべきではなかろうか。

（1）人工肉の可能性

世界や日本で注目を集めている人工肉は、飼料向け穀物の節約、うまくいけば本物の畜産物を排除できる可能性があるが、製法によって2種類がある。大豆を中心に植物を原料とする植物由来人工肉・再生医療のように家畜の細胞を再生させて肉に仕上げる細胞由来人工肉である。このほか培養肉という両者の中間的な商品の開発と、その一部市販化の動きがある。

培養肉の一つの製法は細胞由来と別に調整した周辺食材を混合する段階にあり、シンガポールで開発が先行し、一部のスーパーでも話題になっているという（Ｆｏｏｖｏ）。

今後、人工肉は植物由来を中心に培養肉の市場化を経て、細胞肉開発が進み子取り飼育を省いて精肉を得る方法が普遍化し、ひと塊の肉を店頭で買える時代が来るかもしれない。

しかし、そうなるのはまだまだ先の長い話で、当面は植物由来人工肉の進歩と普及が先決であるように思う。ただし原料となる大豆などの穀物の確保はどの方面にも、まだ課題が多いように見える。

人工肉をめぐっては、世界でしのぎを削るような開発競争が繰り広げられている。先端をいくメーカーはアメリカのエイミーズキッチン、ビヨンド・ミートなど、日本や中国でも合弁や現地市場開拓に勢力を注いでいるメーカーである。日本でも製品開発と市販競争が加速している。

現在市販化されている植物由来の人工肉は大豆などの穀物を原料とする加工食品の一つである。たとえば植物由来「牛肉」には何種類もあるが、筆者が食べた感じでは、本物の牛肉とは味・香り・栄養成分・口当たり・のど越しなどの面で課題がある。加工過程では少しでも本物の肉に近づけようと、味付けや香り付け、色付け、造形などが施されているが、多量・多種類の調味料・食品添加物が不可欠である。

結局は大豆やその他のさまざまな食材などを使うが、メリットは牛肉を直接育てることを排除できることから、原料穀物は製品の重量同様の量は必要だが、牛肉を得るための飼料の量ほどではないことである。人工肉の消費が増えることで、畜産の飼料に回すための飼料穀物を節約できる点では優れている。

（2）豆乳に置き換える効果には限界

次に牛乳の代替としての豆乳はどうであろうか。豆乳の原料は大豆であり、日本では日本農林規格（JAS）により、大豆固形分の割合によって無調整豆乳、調製豆乳、豆乳飲料の3種類に分けられている。無調整豆乳は大豆を絞った乳白色のもので純粋な豆乳、調整豆乳は塩や糖を加えた豆乳、豆乳飲料はジュースや紅茶などを加えて、いっそう飲みやすくした豆乳である。

さらに大豆固形分の含有量が、無調整豆乳は大豆たんぱく質換算3・5％以上、調整豆乳は2・8％以上、豆乳飲料は0・9％以上必要とされている。純粋な豆乳は味や香りにやや癖があるが、この方が栄養価は高い。

大豆500グラムでは、平均して2・2リットルの無調整豆乳がとれる。畜産物のうち豚は飼料として大豆油を絞った殻を発酵させた大豆粕を好むが、豆乳を絞った殻も同じ粕として再利用できる。人口1人当たりの年間豆乳消費量はタイ10・3リットル、台湾6・6リットル、韓国4・3リットル、日本3・6リットル、オーストラリア3・3リットルなどの順で多い（2019年、日本豆乳協会）。南北アメリカを除くと、世界的には増加傾向にある。

日本人がかりに牛乳の消費量全量を豆乳に置き換えると、必要になる大豆は1人当たり約27キログラム、全人口では約338万トンになり、2019年の実際の輸入量339万トンに匹敵する。

一方、388万トンあった牛乳の輸入量と国内生産量はゼロになり、乳牛の飼料穀物消費がなくなるが、その量は388万トンである（牛乳1キログラム生産に穀物は1キログラム必要）。結局、穀物388万トンが大豆338万トンに置き換わる。節約量は50万トン程度である。

化学肥料・化学農薬の削減

食料生産を増やしながら、食料供給システムのあり方を変えることが世界には欠かせない段階にあると思う。これまでの世界農業は、まず機械化・そして化学肥料と化学農薬を利用して穀物生産を飛躍的に拡大させ、いくらか余裕が出ると、次はそれを飼料に回して畜産物の生産を拡大させるというものだった。その結果あらゆる生物に薬剤耐性を植え付け、さらに化学農薬を使うといういたちごっこを繰り返すはめになった。薬剤耐性はより強い化学農薬を生み、自然を破壊し続けている。

レイチェル・カーソンは1960年代に、この問題に初めて体系的に取り組んだ人物として知られる（『沈黙の春』青樹簗一訳、新潮文庫、1974年）。さらに複雑化した現代の食料供給システムのあり方を批判してカーソンの業績を受け継いだルース・ドフリースは、人類は化学農法を軸とする農業技術により、病害虫や病原菌と終わりなき戦争状態の循環構造に組み入れられてしまった、と説いている（『食糧と人類』小川敏子訳、日経ビジネス人文庫、2021年）。

たしかにあらゆる害虫・病原菌を化学農薬に慣れさせただけではなく、食物連鎖や直接の接触を通じて、おそらく人間をも化学農薬に慣れさせる効果、薬剤耐性を再生産する能力を成長させずにはおかなかったことであろう。

しかしこのことで人類が強くなることはなく、生理学的・病理学的に、人類は他からの病魔、罹患率を高めたのではないかと思われる。確かに世界の食料危機は化学農薬によっていくらか緩和されたが、人類は2つの極端なグループ、飽食と飢餓とに分断されたまま今日に至っている。

これからの方向として望ましいのは、土地利用型の穀物や青果物を生産する耕種農業の場合には脱化学肥料・脱化学農薬・節水・脱化石燃料を重視する農業技術を普及させながら、しかし急速にではなくマイルドな移行を図ることである。脱化学肥料・脱化学農薬などの技術は一気には進みにくく、慌てないことが肝心ではなかろうか。

畜産経営の場合は飼料や防疫・育成のための抗生物質依存が強すぎるいまの技術のあり方から、自然免疫力を付け、病気になりにくい子畜の育種や血統品種の強化、質の劣らない、それでいて生産性の高い品種の改良が期待できそうである。

この点、日本は中国が国を挙げて10年単位で進めている化学肥料と化学農薬の削減政策を研究する姿勢を持ってもいいのではないだろうか。同政策では過去10年間の削減実績を積み重ねる方針の下、化学肥料と化学農薬を2025年には5年前に比べさらに5％削減する方針を打ち出している。

気候スマート農業（CSA）を超えて

気候スマート農業（CSA）とは、国連が提唱するSDGs（2015年）やパリ協定（2015年）より前にFAOが提唱した、激しくなる一方の気候変動に対する農林漁業のあり方を基本づけるものであった。その姿勢は世界中の国々に、現在そして今後も受け継がれていく意義のある内容を持つものである。

その具体的な目標は、①農業の生産性と所得を向上させ、②農業を気候変動に適応させ、③農業が出す温室効果ガスを削減する、という3点からなる。目標を達成する方法として、「4つのベター」を打ち出した。①ベターな農業生産、②ベターな栄養の供給、③ベターな環境創出、④誰も置き去りにしないベターな生活の普及、である。

国連の第1次産業に関するFAOは、これまで率先して気候変動と世界の食料危機について敏感に反応し、国連としてのさまざまな対策を打ち出してきた。その内容は世界のさまざまな実情にある196か国の加盟国を意識した標準的なものか、同様の状態にある地域や国々の平均的な対策にならざるをえない面がある。

国際機関の宿命であるが、あらゆる対策には芯となる哲学や理念があるはずなのだが、それが見えにくい場合のあることも否定できない。

ただ気候スマート農業にも、国連の対策が加盟国の事情よりも平均的な対策を重視してきたこれまでの姿勢が見える。提言の全体を覆う気候危機の認識や貧困、農業生産者の足腰の強化の必要性などについては同感である。ただし農業の生産性と所得を向上させること温室効果ガスを削減することとの間には矛盾があることはこれまでの経験からわかっていることだが、これをいかに乗り越えるかが見えてこない。

農業の生産性を上げるには品種改良・ゲノム編集技術による種子開発・いまより多量の化学肥料と化学農薬・さらなる開墾などが必要である。しかし、これらの中には温室効果ガスの排出を減らすのではなく増やすことに、農業経営費を膨張させ所得を減らすことにつながるものがある。農業を気候変動に適応させるとなると、革新的な農業技術の開発と普及がなければ不可能な課題である。

国際農業研究機関ネットワークである気候変動・農業・食料安全保障研究プログラム（ＣＣＡＦＳ）は、地球の気温上昇２℃未満を達成するには、２０３０年までに、メタンと一酸化二窒素の排出量を二酸化炭素に換算して1年当たり10億トンにまで削減しなければならないとしている。

気候スマート農業が自ら立てた目標は、これを実現するためにどれだけ有効か納得できる材料を示す必要があろう。従来のような化学肥料と化学農薬に頼り切った食料供給システムを今後も続けると、地球の我慢は限界を超え、悲鳴を上げるかもしれない。地球をできるだけ休ませることを考えるならば、一旦、全世界の一定の面積の耕地を有機農業にまかせてみてはどうだろうか。本書は化学肥料と化学農薬依存、これを大量に使うことを前提にした品種改良や栽培方法の高度化を基本とする従来のような食料供給システムは早晩、通用しなくなると見ている。穀物生産量の引き上げは各国の課題だと思うが、地球から、増産の仕方が厳しく問われているのである。

飢餓による人間の終わりが先かそれとも地球が壊れるのが先か、いまは人間も地球もその瀬戸際に立っているということである。地球の体力の上限と食料生産量の増加とが衝突しているのが現在の姿ではなかろうか。

人間が必要とするだけの量の食料を確保できないうちに、穀物の生産量が地球の体力の限界を超えてしまったとすれば恐怖である。地球が宇宙船地球号にたとえられてはや半世紀、その後、地球は気候危機に見舞われているが、なおいっときも休むことなく我々は地球を破壊し続けているのではなかろうか。

10億トンの「食品ロス」の解消

食品ロスが生まれる場所や理由はさまざまである。まずどこで起きるかという点だが、「食料生産者」「食品加工業者」「倉庫業者を含む流通業者」、そして「消費者」の4者の元で起きる。農畜産物（形は第1次産品）、または味噌や醤油を含む加工食品において、「腐敗や変質」「伝染病（家畜・家禽類）」「鼠害」「自然災害」「賞味期限切れ」などが原因になる。

その量は世界でどのくらいに達するのだろうか？　ＦＡＯ統計は２０２０年の穀物（副産物を含む）・豆類・青果物・畜産物など53品目の主要農水産物ロスを世界一の農業大国の中国が1年間で作る穀物全体の量を上回る６億８０００万トンと見積もっている。うち穀物に限ると1億５６００万トン、生産量に対する割合である穀物ロス率は４・６％にも達するという。２０１０年を4億９０００万トンとしているので約１・４倍という驚異的なロスの増加である。２０２０年の日本は２７０万トン、最大は中国の1億２０００万トン、アメリカは３０００万トンだった。日本が比較的少ないのはコメを除くと輸入依存が高く、保管能力が比較的整っているからであろう。なお農水省は日本の最近の食品ロスを６１０万トン程度としているが、後述する理由から間違いとは言えないだろう。

人口1人当たり農産物ロスは世界全体で２０２０年は87キログラムで、２０１０年の70キログラムを17キログラムも上回った。食料不足下で無駄が増える皮肉な現象が生まれている。２０２０年、日本は21キログラム、中国90キログラム、アメリカ82キログラムとロスは農業大国に多いのが現実だ。

しかし以上の数値を見ただけでも驚くのだが、食品ロスの実態はさらにこれを上回ると思われる。食品ロスのFAOの定義は収穫から消費者に届くまでのロスを言い「収穫前と収穫中の農産物・家庭内で作った食品」とみそ・食用油・レトルト食品・ハム類・市販のサンドイッチなどの加工食品・食堂の客の食べ残し・売れ残り・キノコ類などの林産物は食品ロスから除外されている。

これらFAOが除外する食品を含む2020年におけるすべての食品ロスを見積もると、少なくとも優に10億トンに達する恐れがある。生産穀物の30%や食品全体で40億トンなどの数字もネット界隈では散見されるが、もしその通りなら人類の半分は餓死しているはずなので、そこまで多くはなかろう。

では10億トンもの食品ロスはなくすことができるのだろうか？　結論からいえば、穀物ロス1億5600万トンは農法や農業機械、農業倉庫などが世界的レベルに近代化されれば解消は可能だが、家庭内の加工食品や料理したもの、食堂の食べ残しや売れ残り、加工食品などのロスの解消は簡単ではないだろう。

日本だけで約3万社に上る加工食品メーカーが消費量と一致する生産量を製造し販売することは市場経済の原理にも反することだ。ここでできることは、消費者が買い過ぎをしないという一点に尽きる。賞味期限間近のレトルト食品やパン製品のロスを防ぐためと称して安売りする例があるが、総消費量が総販売量に合わない以上、販売店のこうした努力は次のロスにつながる懸念がある。

最大の課題は、穀物ロス1億5600万トンの解消をするために必要な対策である。この点ではロスの原因がはっきりしており、収穫後の自然災害によるロスは止めようもないが、消費者の節度ある購買行動のほか、打つべき対策も明瞭なので生産者と流通業者がロスをなくす責任がある。収穫ロス・輸送ロス・保管ロスをなくすための機械・施設整備、そして意識醸成である。

市場原理のジレンマから脱却

本書の最大にして唯一の望みは、地球上からすべての飢餓が消えることである。それが困難極まることは明らかではあるものの、せめて、いまより改善することができれば将来に向けて大きな希望を抱くことができる。

しかし、飢餓が解消される条件である食料の生産量が消費量と同じか、あるいは上回ることは理論的にも可能なのか、という問題がある。理論的に食料の需給が均衡することは一時的に起きても、そこに至るまでには2つのケースが想定されうる。
①消費量が生産量を上回る現在のような状況が均衡に向かうケース、すなわち生産量が消費量に追いつくケース
②消費量が生産量を下回るような状況が均衡に向かうケース、すなわち多すぎる生産量が消費量に追いつくケース

価格の動き方は異なり、①のケースでは市場価格は低下しやすくなり、②のケースでは逆に上昇しやすくなろう。

②はアメリカやカナダなど穀物生産大国で起きており、こうした国々は、輸出することで国内の過剰な供給を処理しているが、他の国や世界的な範囲で見た場合は①、つまり消費量に対して生産量が不足するケースである。自由な市場経済を前提にすると、食料の市場価格が低下しやすくなることを生産側が静観したまま生産を増やし続けるのかどうか、という問題がある。もし生産側がこれをいやがると、食料不足は解消されない可能性があろう。

食料は必需品、他に代わるべきものがないので、経済学では初歩的な需要量と供給量が一致するところで成立する自然価格といわれるものが成立しにくいのである。というのは、

価格が下がりそうになると生産側は供給をコントロールし、決まりかかった自然価格が再上昇し、その結果生産を増やすと次には価格が下がる方向に動く。このように自然価格は落ち着かないながらも、生産側に有利なように、ということは常に供給が需要を下回る傾向を維持するということに落ち着くのが傾向というものだ。

これは市場経済の理論的なジレンマであり、食料不足は果たしてこのジレンマを乗り越えて解消に向かうことができるだろうか？　このジレンマを解消する方法は一つ、それは消費側に立った政府備蓄を十分に持つこと、そして市場の動きに応じて迅速な販売と購入ができる体制をつくることであろう。穀物価格高騰下において、在庫を増やす行動に出た主要生産国の行動（第1章）はFAOなど国連機関が介入して調整できる体制づくりが課題である。

一般に食料の生産サイクルは長くて半年（穀物）から1年（牛肉など大型家畜）、一般の工業製品のように生産量の増減を短時間で行なえるようなものではないが、生産側が大量の備蓄を持ち、その出し入れのヘゲモニーを握っている限り、市場はそちらの方に有利に働こう。消費側に生産側に対抗できるそんな力があるとは思えないが、少なくとも理論的には国際的な消費協同組合間の連携・食料輸入国の連携による備蓄体制と機動的な運用ができる組織や公正な機関があれば大きな力となるのではないか。

市民・農家株式契約システムの導入

現代の食料生産は地球を痛めつづけ、その限界に至る道を早めている。このような懸念は現代食料供給システムに疑問を抱く者が共有し続けてきたものである。

・有畜農業を軽視または攻撃し、家畜との共生を遮断した化学肥料散布。
・化学農薬、特にＤＤＴ・ＢＨＣなどの有機塩素系農薬や有機リン系農薬の大量散布（世界一の農業大国中国では、これら禁止農薬がなお流通している）。
・抗生物質依存体系の拡大。そして耐性菌の増加。
・土壌改良・劣化土壌の修復遅れ・地力収奪農業の横行。
・水汚染・水の浪費。
・除草剤・害虫耐性遺伝子組換え作物の世界的拡大。
・地球の適量を超えた畜産物生産。

今後もなお、こうした道を突き進むのか、それとも真にＳＤＧｓを目指す道に切り替えるのか、我々は岐路に立っている。

これに関しては本書には一つの考えがある。食料生産はどの国においても、農家を中心とする生産者の独占的な生産領域である。消費者でもある市民の口出しはけっして許されず、消費者には小売店を通じて供給される食料を買うだけの関係があるだけである。この関係を食料供給システムの市民化という考え方に基づくものに変えていくことである。そして、その機は熟している。

世界的な流行として、最近は、生産者を知ることができるトレーサビリティ、家庭菜園の広がり、農村でのグリーンツーリズム、生態系やＳＤＧｓに関心を持つ市民層の増加などから、農業・農村を単なる食料供給拠点だけに留めないつながりが生まれはじめている。

これを機に、だれもが両方の空間を自由に行き来できる制度的な枠組みをつくり、専門的な知識や能力の習得を支援する仕組みを提供することもできよう。そして、それは市民がそこに身を転じることも撤退することも強制しないシステムでなければならない。

その前提に立って、本書は、農業生産者と市民とが個別の協力関係契約を結び、市民はできる範囲で資金協力や助言、安心できる食料の購入、食料販売支援、市民紹介などを持続的に行なっていく連帯と共存の食料生産システムを提案したい。

農業生産者と消費者の連携の一種の形であるが、従来の類似の考え方と決定的に異なるのは、権利と義務を明確にするために消費者・市民がどこかの農家の株主（投資家）になることである。農家の選択により、経営のすべてではなく半分だけを契約システムに織り込んでもよい。何割をその対象にするかは農家自身が決めればいいことである。名付けて「市民・農家株式契約システム」である。農家だけでなく、農業経営法人でももちろんいいことである。

第6章

日本の「隠れ飢餓」脱出計画

日本の穀物生産は消滅の危機に瀕している

図表13は、1961年の日本の人口1人当たりの穀物（コメ・小麦・トウモロコシ・大豆・大麦など主要穀物9種類）の生産量は220キログラムだったが、1972年に151キログラムに、半世紀後の2021年には100キログラムを割り込む95キログラムと半分に減ったことを示している。

だいぶ先のことではあるが、2100年の日本の人口は7400万人程度、第2次世界大戦直後に戻ると見られており、農村や農地が生き残れるかどうか不安であるが、その時、食料の作り手を確保できなければ、子孫が現在の95キログラムを維持できるかどうかさえもわからない。

既述の通りに、現代日本の食料供給システムの骨格はアメリカの世界食料戦略の影響を色濃く反映したものである。アメリカが行なった戦後直後の食料援助政策は、空腹の児童を救うのに貢献したことは事実である。他方、学校給食用に配られた脱脂粉乳やパン食を通じて、輸入乳製品や輸入小麦が一般家庭の食卓に浸透していくきっかけとなったことも事実である。大豆のその後も、ほぼすべてが輸入に置き換わった。

図表13　日本の人口１人当たり穀物生産量

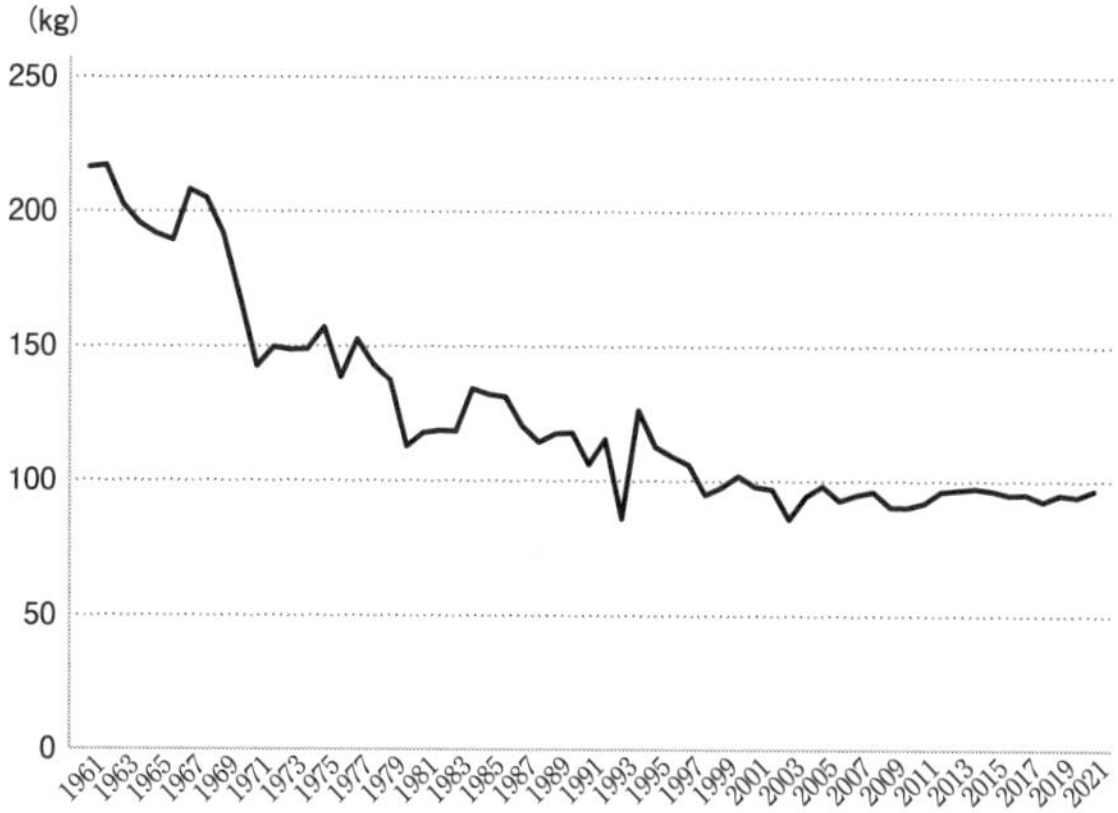

出所：FAOSTATから筆者作成。

図表14は日本の小麦と大豆が、消滅に近い足跡をたどったことを物語る。小麦の作付面積は１９３０年代に急増、大戦中の42年に史上最大となる86万ヘクタールに達し、終戦直後の47年に58万ヘクタールの底を打った。翌年から再び増加に転じ、50年に戦後のピークとなる76万ヘクタールに回復したのを最後に、図のように急降下をはじめた。74年にはわずか8万ヘクタール、ピーク時の10分の1にまで縮小した。

その後、政府の小麦生産奨励策の効果もあって89年頃いったん増えたものの、またすぐに減少、２００２年に20万ヘクタールまで回復して以降、往時の４分の１の規模のまま、ぴたりと動きが止まったままであ

図表14　日本の小麦・大豆作付面積の急落

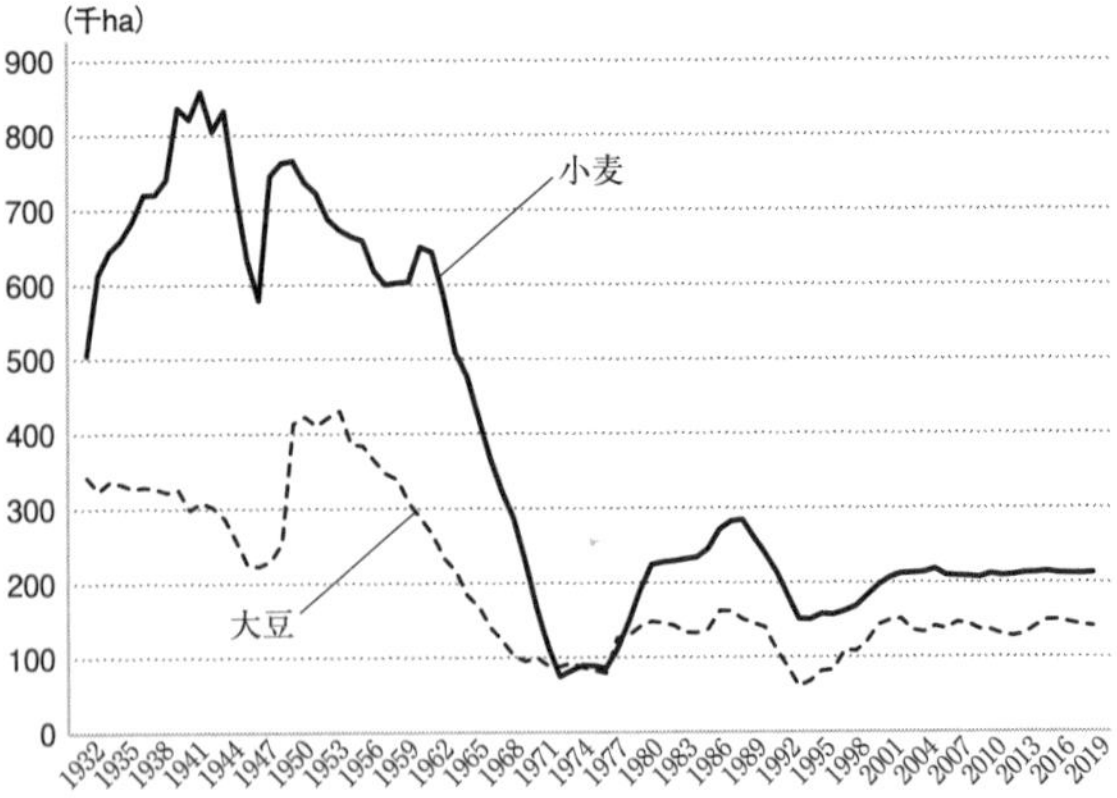

出所：農林水産省統計から筆者作成。

る。

大豆も小麦とほぼ同じ動きをたどった。作付面積のピークこそ戦後１９５４年の43万ヘクタール、以後は階段を転げ落ちるように減少、１９９４年には全国でわずか6万ヘクタールにまで縮小した。この年を底に持ち直しはじめるのだが上げ足は遅く、２０１６年に往時の３割程度、15万ヘクタールとなったものの、以後は低迷し続けている。

ちなみに、家畜向けとして大量に必要な飼料用トウモロコシの作付面積はゼロである。

こうした長期的な動向を見るにつけ、これから日本で小麦と大豆・飼料用トウモロ

図表15　減少止まない水稲の作付面積

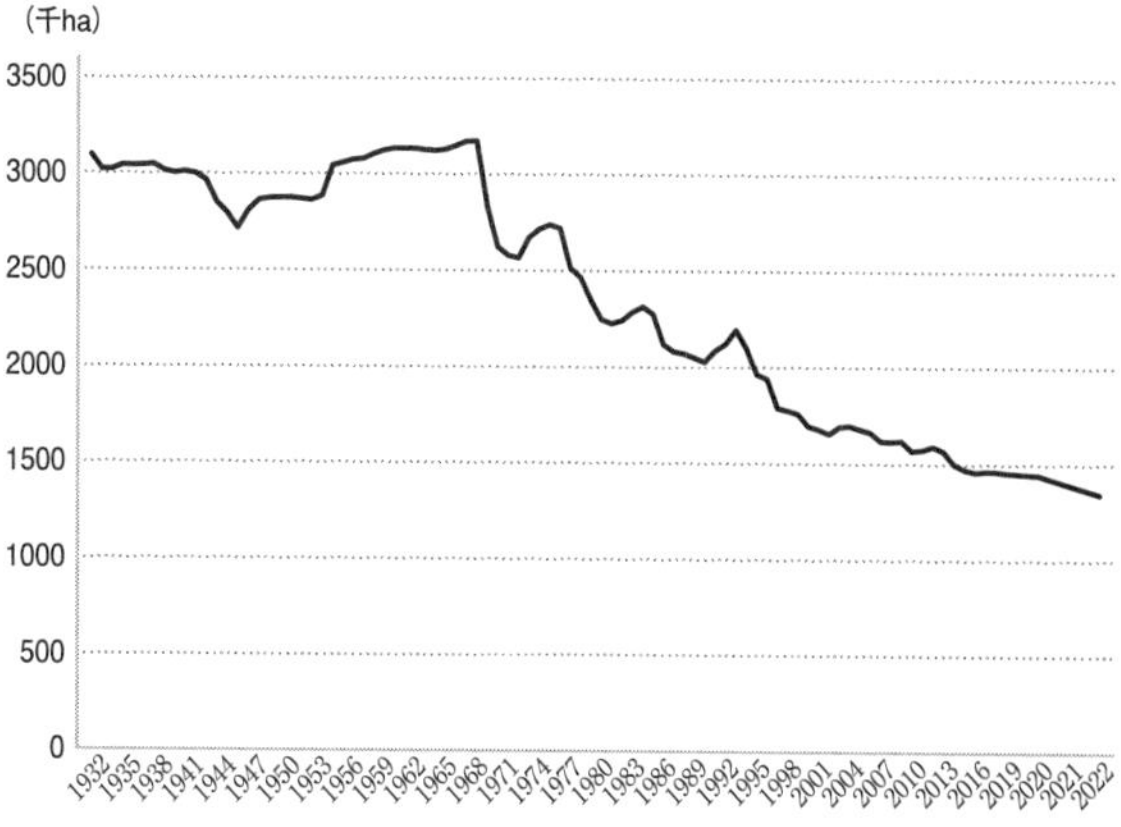

出所：農林水産省統計から筆者作成。

コシの作付けを増やすのは至難のわざといわざるをえない。需要があるにもかかわらずこうなった背後にあるのは、すでに述べたがアメリカの対日政策である。

コメは主要な食料のうちで唯一、日本が自給できる穀物である。しかしこれも驚くほどの縮小を続けている。**図表15**を見ていただきたい。水稲の作付面積の長期間の動きを描いたものである。日本人の主食、コメの作付面積が最大だったのは1969年、317万ヘクタール、当時の耕地面積全体の7割近くを占めていた。ごはんといえばコメの時代をみごとに反映していた。

ところが徐々にコメ余りが目立つようになり、減反（作付面積の強制的削減）や転作（水田をレンコン・大豆・小麦・そばなど、コメ以外の農産物栽培に変えること）により急速に減少、1996年、ついに200万ヘクタールを割り込んだ。

その後も人口減少や消費者のコメ離れ、農家の高齢化や経営不採算などの理由から減少傾向は止まず、2022年には往時の半分以下、136万ヘクタールにまで減少した。

他方、小麦・大豆・トウモロコシの大部分は輸入に頼ってしまい、水田に代わって国内生産への転換がほとんど進んでいない。土地資源は無駄になり、耕作放棄地が減ることはなかった。日本人の最近のコメの1人当たり消費量は約50キログラムだが、ピークの1960年頃の半分以下に減少、今後は30キログラム程度（1日当たり0・5合、75グラム、1膳程度）に減少する可能性もある。

農業就業者50万人に備える

日本にはまだ435万ヘクタールの耕地があるが、人口1人当たりではわずか3・5アールと狭い。日本の食料生産能力がシンガポールのように縮小する日が来ないともかぎらない。耕地面積のピークは1956年の601万ヘクタール、人口は9000万人と少しだったので、1人当たり耕地面積はいまのほぼ2倍、6・7アールだった。

世界最大の農業国の一つ、アメリカの490アール（2018年）の140分の1、オーストラリアはさらに広く1260アール、日本はそのわずか360分の1、オーストラリア人1人分を畳1枚に例えると、わずか7センチ四方にも満たない面積、それが日本人1人が持つ現在の耕地面積である。元々狭い耕地面積を半世紀の間に、その半分に減らしたことになる。

そこで、以降は日本の「隠れ飢餓」脱出計画、すなわち日本のカロリーベース食料自給率とタンパク質自給率を少なくとも50％に上げるために最低限必要と思われることをまとめ、日本ができることを提案したい。

食料を増産するには耕地・資本・技術とならんで農業労働力を欠かすことができない。農業機械化が肉体労働を減らし作業時間を節約し、作業範囲を格段に広げたことは農業の近代化に大きく貢献してきた。最近はスマート農業と称したＡＩを取り入れたドローンや無人農業機械などの農業ロボットの実験・応用が進んでいる。新しい技術開発や品種改良にはもっと力を割かなければならなくなろう。

他方で、日本の農業労働力人口が増えることは今後も期待できない。2022年時点では122万人いることになっているが、7年間で50万人も減少したのである。

日本の農業労働力人口の母集団である全国の人口自体が急速に減っており、農業労働力人口が増える余地はない。日本の人口が1億人、現在より2500万人減り65歳以上の高齢者が人口の40%に達すると見込まれる2055年頃には、農業労働力人口は平均年齢が70歳を超えたうえで、50万人程度に減っても不思議ではない。「高齢者農業」が日本を覆うことだろう。

もちろん、「高齢者農業」は高齢者を揶揄して使っているつもりはない。日本の企業では70歳までの勤務を奨励するよう政府が働きかけをしているが、いまのところリタイアするのは、年金の受給資格が生まれる65歳が一般的のようである。

しかし日本の農業現場では70歳は当たり前、近いうちに平均年齢が80歳などという時代がくるのも嘘ではなくなる可能性がある。

高齢であっても元気なうちはいいだろうが、問題は農業機械や農作業小屋などの設備・施設費支出の重圧に耐えられなくなることだ。離農する農家の大半はこれを理由としている。

国の農業政策はこの状況にまったく対応できていない。相変わらずの農協や零細農家目当ての補助金バラマキ行政に終始している。農林水産族といわれる守旧政党の議員は国会から村議会まで既得権益の確保や新規開拓に汗を流すだけで、時代の変化を先取りする農政には関心が乏しいようである。これでは、日本の食料事情はさらに悪化しても改善される見込みは薄い。世界でもまれの高齢化社会が、国全体が食べる食料需要を減らすので自給率は上がるだろうと思ったら大間違い。高齢化は、食料の作り手にも平等に押し寄せているのだ。この問題は、酪農家の半減という形で、早ければ10数年後には出現するおそれがある。

「農地所有適格法人」の無意味さ

今日まで「農地法」を引きずってきた最も大きな弊害は、国民全体に対する農地所有や貸借の自由を認めない、現代世界ではまれの法律だという点である。こんな農地制度は社会主義体制以外の国では、日本以外にはない。

「農地法」は戦後三大改革の一つであり、戦前の地主制度を解体、小作農などに農地を解放、いわゆる自作農を創設した歴史的な法律である。同時に農地所有者は農民に限るとするもので、時を経て、農業労働力人口の減少や農民世帯以外の農業参入希望者による農地所有を禁じ、労働の農業部門への自由な移動を妨げる要因ともなってきた。そのため、農民世帯の子弟の農業就業の減少が農業労働力人口の減少に直結する問題を生み出している。

中国における土地制度の研究者でもある筆者の目には、土地制度の不自由さに関しては日本は中国に比べても硬直的に映る。中国は社会主義を標榜している以上仕方がない面もあるが、それ以上に社会主義的なのが日本なのではないか。

最近、農地法の一部改正が行なわれ「農業生産法人」という団体の農業色が少しだけ薄まって、農地の所有権取得の規制をいくらか緩和、「農業生産法人」とこれ以外の法人をひっくるめて「農地所有適格法人」に名称変更するなどの変更を行なった（2015年）。

しかし実態となると、農地を所有できる法人は金縛りのような厳しい条件でしか設立できない「農業生産法人」のみ、非農家そして一般が組織する法人の農地所有は依然として不可、農地を借りるだけでも「農地法」が定める厳しい規制を通り抜ける必要がある。

現在、日本にはなんらかの農業経営を始めた法人企業が数千はあるとみられるが、最も苦労した点はまとまった農地を借りることだという点で共通している。こうした意欲ある企業の本格的な農業経営を支援するには、現在の農地法は障害以外のなにものでもなく、今回、新たに設けられた「農地所有適格法人」は無意味の上塗りにすぎない。

新規参入にもなんの恩典がないままだ。農地所有権を持てるのは、農家世帯の家族（非農家となった家族は、相続する場合以外に農地所有は不可）などに制限され、脱サラした人や新規学卒者にはその資格がない。農地は、所有できてはじめて農業経営に本気が出るものなのである。

戦後80年間も、こんな厳しい法律を守り通しながら食料自給率は先進国で最低、しかも落ち込む一方という状態がなぜ続いてきたのかを真剣に考えるべきだろう。今回の制度改正が農業を再生できる保障はまったく見えない。この法律自体、もうやめた方がよく、どうせ予算とエネルギーを使うなら、代わりに農業参入を自由化、優れた人材や企業経営者が集う制度の推進のために回した方がよいのではないか。

筆者は1993年にある著書（『生産農協への論理構造—土地所有のポスト・モダン』日本経済評論社）を上梓したが、その中の一節で、日本の農地所有権者は農家に限定されず自由化に向かうべきことを主張した。その考え方は今日、ますます強くなった。

こういう意見に必ず起こる反論は、「大きな企業が農地を集め非農地化する恐れがある」「外国人が農地を買いあさる恐れがある」「農家以外は農業を知らないから農地が荒廃する恐れがある」など、後ろ向きで根拠なき言いがかりじみたものばかり。共通するのは、「いまが一番よい」というものだった。その「いま」が今日の日本農業の荒廃を生み続けているのではないのだろうか？

志ある農家を邪魔してはならない

農家生まれの青年K氏は有名大学を卒業後、大企業に就職、社会人経験を積んでからその後、海外で農業を体験、帰国後、大都市郊外で農業経営をはじめた。全国農協青年部の幹部にもなり、全国にその名を知られた活動力ゆたかな青年である。

農業で自立するため多角経営をめざし、イチゴ栽培や稲作経営、香港でケーキ販売を手掛けたり海外農業現地コンサルティング業を営むなど、人生の肥やしとして夢多きひとときを送り、農業経営の拡大を実現。いまではKいちご研究所（法人）の代表にも納まり、家庭を持ち、二世もできた。

彼の経営面積は17ヘクタール、加入する農協管内に住む約100戸の農家からの借地、筆数（農地区画数）はなんと240筆にも達する。平均すると1区画7アールという狭さである。また、17ヘクタールの農地とはいっても一か所にまとまっているわけではなく、地域のあちらこちらに散らばっている。農繁期ともなるとトラクターや軽トラに乗って、あちこちへと何キロもの距離を移動しなければならない。

日本の農家1戸当たりの統計上の経営農地面積は3ヘクタールに増えたが、1農家当たり平均の筆数が統計で公開されることはない。政府は、1戸当たり農業経営の規模拡大が進み生産効率が高まったかのように思わせるが、実態はその逆のことが起きている恐れも捨てきれない。

以前の青年K氏は、規模拡大しないことには食べていけない衝動に駆られて、農地の貸し手がいると聞けば、まっさきに集めるのに汗を流してきた。現地に様子を見るために行なってみると、農地の質は悪くトラクターや田植え機は入ることができない、水はけも悪いなどという農地ばかりのことにも耐え、ともかく集めるだけ集めることを繰り返してきた。

そうして集めた借地が240か所、17ヘクタールなのである。しかしどんなに頑張っても240か所を1人でこなすことには負担が大きすぎ、泣く泣く苦労して集めた7ヘクタールの借地権を他に譲ることにした。つまりは仕方のない規模縮小である。

各地に分散する17ヘクタールの農地を耕すには高性能の大型農業機械が必要だが、17ヘクタールをいくらうまく使ってもそのコストをまかなうことはできない。日本農業特有の問題、農地面積規模と農業機械コストの矛盾を克服することは不可能であることを身をもって知ったのだった。

いまは残った10ヘクタールを使い、青年K氏は稲作・もぎ取りイチゴハウスなどを営む。経営農地の大半は借地なので地代を払い、地主が返せといえば返さなければならないし、そのたびに、農地法が定める許可を得るための申請書作成には無視できない時間がかかる。

一般に、都市近郊の地主農家は農地を売りたがらない。農地を農外用途に転用売却することが念頭にあるので、貸すにしても地代水準にこだわりがある。地方や農地の条件次第では、地代がただでも借り手がいないことも珍しくはないが、都市近郊では、貸借はまだ有償である。10アール当たりの地代の基準額は、1万円程度が一般的である。10アール当たり売上が10万円程度に過ぎないのに、その10％が消える。

もし農地法のような厳しい農地の所有制限がなければ、青年K氏はどのような行動を選んだだろうか。おそらく、農業にもっと条件のいい土地をもっと自由に集めて、少なくとも効率の悪い240区画もの農地の分散状態は避けることができたのではなかろうか。

海外のプロ農家にトビラを開けよ

自国民にしか農業経営が許されない日本のような国はめずらしい。社会主義国の中国でさえ、最近、海外企業に大規模農業経営ができるモデル地区を設けることにしたほどである。海外の農業経営のノウハウを学ぶことをねらったものである。戦時中ならいざしらず、海外との経済連携で生きる以外に道はない国際化した現代日本でまかり通る自国民主義は、「自由で開かれたインド太平洋」という価値観とも真っ向から対立するのではなかろうか。

農業自国民主義の象徴の一つが皮肉なことに「農業労働」の外国人依存傾向の強まりで、技能実習制度はその典型であるが、最近になって、さすがに人権侵害という国際社会からの批判をかわすためか、技能実習制度を廃止、労働力確保という本音に基づく特定技能制度への一本化など、制度の見直しを始めるに至った。とはいえ労働力が不足する農業・畜産などの作業労働の人手不足を補うだけという狙いは変わりそうもない。

現在の特定技能制度は、不足する労働力を海外の若い労働力で補充しようとするものであるが、少子高齢化のあおりを最も受けている分野（介護・農業・建設など12分野）に限定している。在留期間に上限がなく家族の帯同が許される「特定技能2号」と許されない同1号（在留期間は最長5年）とがあるが、1号該当者が全体で13万人に対し2号該当者はたったの8人しかいない（22年12月末）。このほか廃止が予定される技能実習生が法務省統計によると約33万人（2022年6月末）にも達する。農業部門は最大の働き場であった。

これらの労働力補充制度においては頭脳労働や農業経営、つまりまじめに農作業体験と知識を積んでいけば、その先に自然にわいてくるはずの農業経営実務や頭脳労働についての知的好奇心は無視されるか、そういう意識の醸成自体を否定する仕組みなのである。非人間的な性質は変わらない。

しかし農作業の基礎を身に付け、実践し、経営管理や市場販売の方法を学び、日本的習慣も身に付いたはずの彼らこそ、これからの日本農業にうってつけの人材ではないだろうか？　急速な人口減少が長期化する日本で、何から何まで、日本国籍民でなければならないとするような産業では成長の限界があり、現にそうなりつつある。他の産業や企業はそんなことはしていない。日本の株式市場にはそもそも国籍制限がない。

むしろ後継ぎがいない農家には、成長した彼らに重要な仕事や経営を任せる柔軟さや切迫感こそが必要なのではないか。農地を貸与し、一定の成果を上げたと認められる段階で、経営権あるいは農地所有権を移譲する。いまはそういった検討をタブー視しているような時代でもない。外国人が離農した際には、その農地を本来の所有権者や国または自治体へ返還することを規定するなど、現在の「外国人土地法」（1925年）という古い法律を改正することと合わせ、農地法の見直しをする時ではないかと思う。

増え続ける耕作放棄地、低下する食料自給率を放置するよりどれほど建設的なことだろうか。例えばアメリカの多数の州では、制度的に国籍に無関係に農地所有権を取得できる。実は筆者も、アメリカのカリフォルニアの農地を共同で買おうとして資金拠出したことがある。残念なことに、資金管理者の不始末に遭い、計画は頓挫する苦い体験をしたのではあるが。

中国でさえ資本制企業の農業参入を自由化

日本の農地制度が適応の柔軟さに欠ける点では、主要国の頂点にあるといえそうだ。企業の農地利用の農業経営参入には厳しい規制が課せられている。それに比べると、社会主義独裁国家でありながら、中国の農地制度は徐々に自由化を進めてきた。中国の農地制度は共産党が政権をとった1949年から数次の改革を進め、農家単位で農地を請け負う制度に変わった。ところが農業離れ・高齢化・生産コスト上昇・農家家族制度の変容などから、この制度は急速にほころびはじめ、これを背景に農地権利の流動化の勢いが激しくなった。

中国は、土地の所有権は地目に無関係に、法律で個人にはなく農地や山林ならば村の集団（中国の法律用語では「集体」）にあり、都会の住宅地や工場敷地ならば国家所有と決まっている。農家は請負土地経営権（これはあなたの専用農地だからここで農業をしてもいいですよ、とされた権利）、日本でいう借地権・耕作権を所有でき、農民・農村戸籍を持つ都会人・一般資本制企業（2018年の法改正から有資格者に）・農民組織企業・農協などに権利譲渡ができる。売買はできないが、そこにはうまい手がある。年間の借地料を農地価格に代わる取引価格とする方法である。主に地方政府による土地収用権を保留したままではあるが、実際の法的効果は権利の売買と変わらない。

農地売買のインターネットサイトには、農地の現状写真・所在地・取引希望面積・単位面積当たり価格・連絡方法などの情報が映し出され、農地の請負経営権を売りたい・買いたい者が利用できるようになっている。こうした農地取引市場サイトは多数あり、省別・市別・耕地・畜産用地・施設用地などの用途別に一覧の形式はほぼ似ている。「土地資源ネット」というサイトは、取引目的に応じた農地・住宅地・商業用地・工業用地が展示販売されている。たとえば、その中の一つには「広東省・農地14ヘクタール・10アール1万2000円・貸付期間10年」とある。成約後の契約期間は更新可能であり、農地がよほどの使い方でもされないかぎり長期間の耕作ができるのが一般的である。

中国の耕地面積（牧野・家畜放牧場を除く）は約1億3000万ヘクタール、そのうち2億3000万戸の農家が農業生産を請け負っている農地（請負土地経営権農地）が9200万ヘクタール、さらにこのうちの3400万ヘクタール（約37%）が、農家から他の農家などへ権利移転している（2017年、中国農業農村省）。権利移転面積は年々増加、現在では請負土地経営権農地の半分以上に当たる5000万ヘクタール近くに達しているとみられる。

権利移転を受けるのは農家にかぎらず、むしろ企業経営体に注目が集まっている。その規模はケタが違うとはこのことで、数万ヘクタールはざらで、中には数十万ヘクタールの規模の農業経営体まで各地に登場している。

これが現在の中国の資本制農業経営の一般的なかたちであり、農地制度自由化の実態である。今後は農業経営体の定義が広くなり、地域の商工業者資本の参入が可能になったことから農業経営への参入自由化の波はさらに広がっていく可能性が高いとみられる。

農畜産物生産費統計の公開をやめよ

日本の経済産業省が、日本の自動車メーカーや新幹線車両メーカーの製造コストの詳細な中身を公表したらどうなるであろうか？　海外のメーカーが製造基盤の弱みや問題点などを突き、日本に負けない製造体系に取り組むなど、競争上優位に立つ手法を編み出すことであろう。それだけ産業や個別の企業にとって、製造コストは機密中の機密事項のはずである。

ところが、農水省はなんと透明なことか、農産物を販売する農家のその大事な企業秘密に当たる部分を強制的に調査し、その結果を外部に向け無償で丸裸にしているのである。農家の経営規模ごとの費用、地域別の労働費、地代、支払い利子、さまざまな生産資材たとえば化学肥料・化学農薬・農業機械・種苗・飼料代・獣医薬品など詳細な費用統計である。生産資材メーカーにとっては、これらの費用を与件として、自社製品の農家への販売価格や販売量のめどを立てることが容易になる。生産費統計は外国語に簡単に翻訳もできる。

農産物の生産費統計は、農業経営統計調査の一部の農産物生産費統計と畜産物生産費統計という2つの統計に大別される。これによって、日本産農畜産物のほぼすべてのコストが公開されている。農産物はコメ・小麦・大麦・裸麦・そば・大豆・原料用かんしょ・原料用ばれいしょ・ナタネ・てんさい・さとうきびなど、ほぼすべての重要農産物。畜産物

は牛乳・搾乳牛・去勢若齢肥育牛・乳用雄肥育牛・交雑種肥育牛・子牛・乳用雄育成牛・交雑種育成牛・肥育豚。全部で20種類に及ぶ。

それぞれ詳細なデータが公表されているが、いったい、なんのためなのか？　建前は、以上の農畜産物の「生産費の実態を明らかにし、農業行政（経営所得安定対策、生産対策、経営改善対策等）の資料を整備することを目的」（農水省）としたものである。

そもそも農産物生産費統計の対象者は農地が10アール以上の農家、畜産物生産費統計が飼っている家畜の頭数が1頭以上の趣味的農家まで含まれるもので、いったい、これらの農家にどんな「経営所得安定対策、生産対策、経営改善対策等」の意味があり、それが国民全体に対してどんな利益があるというのか。農畜産物生産費統計のうち、最も調査開始が早かったコメは、１９２１年から毎年公表されている。このような統計は作成しても、公開はすべきではないと思う。

日本の食料自給率を上げることは、海外農業との競争に負けないどころか勝つことである。その競争相手に心臓部分に当たる日本の農畜産物生産費を筒抜けにしたままどうやって渡り合っていけというのだろうか？

理想はデンマーク農業

日本は今後、どのような国の食料生産のあり方を参考にすべきであろうか？　とはいっても、主な農産物・人口や自然条件が日本と似ている国はそれほど存在しないので、あるべき姿のすべてを丸写しするような参考の仕方は無理だろう。あくまでもよいところを参考にする程度となるが、日本にとってのその相手国の一つはデンマークではないだろうか。デンマークは人口６００万人弱、自然環境・農業地理・食生活も日本との違いはあるが、むかしから、日本はデンマーク農業を理想としてきたことも事実である。

デンマークは国土面積の約60％が農用地、１農家当たりの農地面積は60ヘクタールと日本の20倍、主な農産物に豚肉や酪農の畜産物のほか小麦・大麦・ライ麦などの穀物があり、豚肉は生産の約80％が世界市場に向けられ、品質と価格の優位さを誇るのである。

本書試算のカロリーベース食料自給率は先進国では高い方の74％だが、もう一方のタンパク質自給率は１５６・６％と世界トップクラスに位置する。

そのデンマーク農業の重要な特徴の1つは、生態系の維持をとても大事にしていることであろう。抗生物質の利用抑制や温暖化防止対策はＥＵの共通政策でもあるが、単独で、それよりも厳しい抑制策を推進しているという（平石康久「デンマーク養豚産業による持続可能性への取り組み」農畜産業振興機構、2022年11月）。

デンマークは、化学農薬の耕地面積当たり散布量が先進国では最低クラスに位置する。しかも散布量は減少傾向にある。2020年の1ヘクタール当たり化学農薬散布量は1・32キログラム、2010年の1・61キログラムから20％減少している。ちなみに2020年の日本は11・89キログラム、デンマークの約9倍である。日本も2010年の12・1キログラムから減少はしているが、減少率はわずか1・7％とデンマークより低い。

デンマークは1人当たりGDPが日本を2万ドル上回る6万ドル（2020年）、世界有数のお金持ち国家であり、東京には大使館とは別の「デンマーク農業理事会」を置いて、デンマークの伝統的畜産物である豚肉やチーズの消費拡大と日本との友好増進・デンマーク農業の啓蒙などに努めている。食料を通じた日本人との交流を深めるため「NPO法人・デンマークの食と暮らし研究所」などを開設、保健・医療・福祉の増進、学術・文化・芸術の振興、環境の保全、消費者保護活動などを東京都民の身近なところで展開している。

日本は新時代の農地開放を

日本の農業再生のために残された最後の手段は「農地開放」であろう。日本の農家の戦後は農地解放から始まった。地主に雇われて農地を小作する小さな農家は、貧乏と働きすぎから一家の大黒柱が早死にするなど悲惨をきわめた。その清算が農地解放、法律名は「農地法」（1952年）であった。

この法律のおかげで制度的な地主・小作関係が解消され、どの農家も農地所有権を手に入れることができた。国民にとっては主食のコメが手に入りやすくもなった。第2次世界大戦後の農地解放はそういう貢献をした。

しかしそのおかげで豊かになった農家はごく少数で、30アール・50アールを手にしたところで家族を養うことは難しかった。だから農業以外の働き口があれば、隣近所が奪い合うほど農業以外の仕事には飢えていた。次第に出稼ぎや在宅しながらの通勤兼業の口が増えていくと、農業は衰退する一方となるのは時間の問題だった。

農地解放を政策的にひっぱった農地法だったが、食料生産をめぐる環境は様変わりをし、その役割もそろそろ終わりに近づいた。時代の変化にそぐわなくなったのである。この法律は日本国籍の農家以外には農地の所有を認めず、農家にだけその恩恵を閉じ込める意味で国民全体から見れば不公平、土地という公共財を特定の伝統的集団の利益に絞る日本最大の利権保護法という一面を持っている。その農家数は減り、農業の担い手は減り、農村から若者や子どもの姿が消えていったのに、この法律だけが変わらないまま生き残った。

最近改正された農地法の中身には、既述のような農業法人経営を増やそうとの意図もうかがわれるが、現在、非農業分野から農業経営に参入する例は、まれであるといえるほど限られる。それなのに、都市から参入する法人にまで地域のさまざまな慣行に従うことを強制する「地域との調和要件」などという、農村の古いしきたりに順応すべきだとの政策を前面に出す。筆者は、このようなしばりをかけようとする役所の神経を疑う。都会の若者や経営者の大部分は、ともかく農村の古い慣行やしきたりを嫌う。

「農地法」の農水省担当部署がつくっているさまざまな説明文を読むと、それらからは次のような官僚主権意識・明確な国民不信感が伝わってくるのは筆者だけだろうか。

・農地は法律で厳しく管理しないと効率的に使われない
・農業をする者の資格を法律で管理しないと農業が衰退する
・農地所有権は農家以外に渡してはならない

・農地と農家のことは農水省が管轄し、他省庁には渡さない

農地所有権も耕作権（農業権）もすべての国民に門戸を開くべきであり、それが最も「農地を効率的に利用する」（改正農地法第1条）最良の手段であるはずだ。要は、国民を信頼するかしないか、減る一方の農家の手取り足取りの管理を止めるかどうかの問題である。

農家自身も、そろそろ農地から「解放」してほしい、と思っているのではなかろうか。「農地法」という法律には、小手先の「改正」よりも、もっと早めにやるべきことがある。それは、どの政党もなぜか守ることしか考えない点では一致する「農地法」を廃止すること、すなわち一般社会への制度的な農地開放である。

おわりに

空腹・飢え・飢餓・餓死という不幸が特定の個人だけに起こったものならば、個人やグループの親切心・思いやり・ほどこし・慈善事業や福祉活動で救うことはできるかもしれない。

しかし同じような環境の下で暮らす大勢の人あるいはその社会が同様の不幸に襲われているとき、それは食料危機という社会全体の問題に変わる。現状はその食料危機が世界に広がっている。

こうした現状を反映して、「食料危機」という言葉がマスコミをはじめとする社会のあちらこちらで聞かれるようになり、流行語のような感さえある。食料危機に人々の関心が向き、その対応を促す動きにでもつながれば喜ぶべきことであるしそのように期待したい。

ところがその一方では、「食料危機」とはなにか、どういう状態を指して言うのか、といった素朴な点については、残念ながら明瞭な答えは存在していない。存在しないといえば正確ではないが、「空腹で身体が動かない」というような抽象的で客観性の乏しい、印象論のような答え方があるにはあるが、これでは他国や別の集団と比較することも変化の実態を知ることも難しいのではないだろうか。個人差や民族差あるいは住むところのさまざまな環境差を超えて、広く世界に当てはまる統一された基準やモノサシにはならないだろう。

本書はこの点に切り込んで、世界の食料は絶対的な不足下にあること、飢餓には、「見える飢餓」と日本のような「隠れ飢餓」の両面があることなどを明らかにし、世界各国の食料自給率がどんなことになっているのかについて統一された方式で計った。そしてこれを通じて、貧しい国々の間に、なぜ高い自給率と低い自給率とが併存するか、という問題にも突き当たった。

食料自給率の算出には簡単な基本式（巻末の「本書主要データの根拠について」参照）があるが、これに従っただけでは、その目的に近づくことはできない。なぜならば、信頼できる基礎データとこの基本式まで持っていく基礎的な作業プロセスが揃う必要があるからである。

本書が取り上げた2つの食料自給率、カロリーベース食料自給率とタンパク質自給率には統一された各国の統計データが必要だし、だれにもわかりやすい算出方式を使ったものでないと信用していただけない。本書ではFAO統計を使い、最も合理的と思われる方式で算出を試みた。

こうして、統計の揃う182か国分の2つの食料自給率の試算結果を手にすることができた。すでに2000年・2005年・2010年・2015年・2019年の試算を行なっていたので、これに統計として最新の2020年を加えることができたのだが、筆者の仕事の遅さもあり、ここに至るまでには数年を要した。

筆者の専門領域は中国における農業・食料問題であることもあり、中国の食料自給率について関心をお持ちになった「日本経済新聞」は幾度かこの研究結果の一部を取り上げて下さった。また霞山会の専門誌『東亜』、中国経済経営学会『中国経済経営研究』、愛知大学国際中国学研究センター『ICCS現代中国学ジャーナル』等にも関連する論文を発表する機会をいただいた。しかしこれら紙誌の性格上、いずれも断片的あるいは関連情報的な扱いにとどまるものだった。

このたびは、朝日新聞出版から各国の食料自給率の現状を含む食料危機の意味、世界の飢餓へのカウントダウン、日本の隠れ飢餓の実態とその背景などを総合的に述べ、広く提供する機会をいただいた。これによってひとまず、統一された方式による各国の食料自給率を明らかにし、食料危機の実態と解決の方向性を探る本書が日の目を見ることができた。

このような機会を与えていただき、対面で問題点の具体的なご意見をくださった同社の宇都宮書籍編集部長に厚くお礼申し上げ、編集担当の北畠氏からもさまざまなご指摘をいただきつつ、ようやく本書の刊行の運びに至ったことに感謝する次第である。

2023年9月10日

高橋五郎

主要参考資料（本文に掲載したもの以外）

高橋五郎『新型世界食料危機の時代』論創社、2011年

国連ホームページ、特に国連人口推計サイト、Ｃｏｍｔｒａｄｅサイト

国連気候行動サイト、国連気候変動サイト

気候変動に関する政府間パネル（ＩＰＣＣ）ホームページ、特にデータ配信センター

国連食糧農業機関（ＦＡＯ）ホームページ、特に「ＦＡＯＳＴＡＴ」（ＦＡＯ統計）

国連世界食料計画（ＷＦＰ）ホームページ

ユニセフ（ＵＮＩＣＥＦ）ホームページ

世界銀行（ＷＯＲＬＤ　ＢＡＮＫ）ホームページ

国際通貨基金（ＩＭＦ）ホームページ

農業市場情報システム（ＡＭＩＳ）ホームページ

米国農務省ホームページ、特に「穀物　世界市場と貿易」「世界農業生産」「ＷＡＳＤＥレポート」「Ｒ・ｉｓｋ　Ｍａｎａｇｅｍｅｎｔ　Ａｇｅｎｃｙ　Ｆａｃｔ　Ｓｈｅｅｔ」

米国環境保護庁ホームページ

Ｉｎｄｅｘ　Ｍｕｎｄｉ（世界の統計サイト）ホームページ

ＥＵ　Ｓｃｉｅｎｃｅ　Ｈｕｂ（ＥＵ科学ハブのサイト：ＥＵの耕作放棄地２０１５〜２０３０）

インド統計・プログラム実践省（Ministry of Statistics and Programme Implementation）ホームページ
カーギル社ホームページ
ADM（Archer Daniels Midland）社ホームページ
Investing.com（穀物など先物価格サイト）
FRED（アメリカの経済データサイト）ホームページ
Bloomberg「Green Markets」サイト
THE WORLD COUNTS（世界カウントダウン）ホームページ
Oxfam（オックスファム・インターナショナル）ホームページ
Nature Portfolio（ネイチャー・ポートフォリオ）ホームページ
Our World in Data（データで見る世界）ホームページ
ISAAA（国際アグリバイオ事業団）ホームページ
Global Land Programme（グローバル・ランドプログラム）ホームページ
LAND MATRIX（ランド・マトリックス）ホームページ
William Reed（イギリスの食料・飲料ニュースサイト）
Al Arabiya（アル・アラビーヤ、ドバイの国際放送）のニュースサイト
中国農業農村部ホームページ

中国気象局ホームページ
中国国家統計局ホームページ
中国国防部ホームページ
中国外交部ホームページ
中国農業農村部編『中国農業農村統計摘要（2022）』中国農業出版社、2022年
SDG2 Advocacy Hub（イギリス）ホームページ
デンマーク大使館ホームページ
デンマーク農業理事会日本事務所ホームページ
国連広報センターホームページ（日本）
気象庁「各種データ・資料」サイト
全国地球温暖化防止活動推進センター（JCCCA）ホームページ
農林水産省ホームページ、特に「食料需給表」「知ってる？ 日本の食料事情」「令和3年度 食料・農業・農村白書」
文部科学省「日本食品標準成分表2020年版（八訂）」
厚生労働省ホームページ、特に「日本人の食事摂取基準」「国民生活基礎調査の概況」
防衛省・自衛隊ホームページ、特に「令和4年版防衛白書」
農畜産業振興機構ホームページ

科学技術振興機構（ＪＳＴ）ホームページ
国立環境研究所ホームページ
農研機構ホームページ
バイテク情報普及会ホームページ
東京都防災ホームページ
東京都江東区ホームページ
福岡大学理学部ホームページ
グッドネーバーズ・ジャパンホームページ
ＣＡＲＥ ｉｎｔｅｒｎａｔｉｏｎａｌホームページ
フードバンク山梨ホームページ
ｇｏｏｄｄｏ株式会社ホームページ
セーブ・ザ・チルドレンホームページ
高橋五郎「中国カロリーベース食糧自給率の現状と低下の背景―試算の方法と結果」『ＩＣＣＳ現代中国学ジャーナル』第15巻、第1号、２０２２年6月
高橋五郎「世界的な穀物価格高騰の下での中国農業の現状と対応」『中国経済経営研究』第7巻、第1号、２０２３年6月
高橋五郎「次の時代を模索する中国農業」『東亜』２０２３年9月

背景:アメリカ・ミネソタ州での調査から」『経済志林』(2007年12月) から本書推定) が、2022 年のバイオエタノール世界生産量は 1,130 億 l なのでトウモロコシ換算で約3億トン、1人当たり 37.5 kg。
④備蓄が1人10日分 (飢餓は世界一斉にではなく地理的なまだら模様を描くことを考慮) として 12 kg (年間 441 kgの10日分)。

①〜④計として 78 kg。ゆえに、441+78=519kg≒500 kg (緊急時にはエタノール生産が半減するとして)。

4 年間餓死者数の根拠

国連世界食糧計画 (WFP) の事務局長を務めたデビッド・ビーズリー氏は 2021 年 9 月にニューヨークで開かれた世界食料システムサミットで「毎年 900 万人が飢餓のため死んでいる」と述べた (国連報道)。

これを遡る 2009 年 12 月、国連人道問題調整事務所 (OCHA) 事務次長だったジョン・ホームズ氏は論文 (「毎日 25,000 人が飢餓のために死亡」国連アーカイブ所収) の中で「毎日 10,000 人の子供を含む 25,000 人 (1 年当たり 912 万人以上) が飢餓と飢餓に関する理由で死んでいる」と述べた。

世界 75 か国から 200 を超える NGO が参加してできたある組織は、およそ 4 秒に 1 人・毎日 19,700 人 (1 年当たり約 720 万人) が餓死と推定される状況にあるとし、その解決を訴えた (2022 年 9 月、NDT ニュース WEB 版)。

これらを総合すると、国連などの食料問題専門家は年間の餓死者数を 700 万〜900 万人と推定していることがうかがわれる。これに対して本書は、世界の生産量では1人1年当たりの穀物消費必要量 500 kgを満たすことができない人口を割り出し、これを念頭におき、上掲の考え方の中に「飢餓および飢餓由来の死亡者」とのややあいまいな記述があることを踏まえて餓死者数を推定、年間の餓死者数を最低でも 100 万人程度とする見方をとっている。

2 不足する穀物８億トンの根拠

※原形：可食部＋廃棄部（以下同）
※2020／2021年度　穀物
（ア）世界の実際の年間穀物生産量：27億トン
小麦・コメ・トウモロコシ・その他大豆及びキビ・ソルガムなどの穀物全体の合計で米国農務省統計（WASDE）による。
（イ）飢餓なき世界の推定年間食料用穀物必要量：35億2,800万トン
（ウ）不足食用穀物量：（イ）−（ア）＝8億2,800万トン

世界の推定年間食料用穀物必要量35億2,800万トンの推定方法
①1人1日当たり摂取カロリー2,400（FAO統計から世界平均を筆者仮定）のうち50をカロリーの低い魚介類と野菜・果物から摂取、2,350を穀物・畜産物からの摂取とし、
②うちFAO統計を参考に60%（1,410）を穀物から、40%（940）を畜産物から摂取すると仮定。年間では穀物1,410×365=514,650、畜産物940×365=343,100。
③それぞれのカロリーを生むために必要な穀物量は穀物1kg当たりカロリー平均を3,500kcalとみると147kg（514,650／3,500）、畜産物は畜産物1kgを生産するために必要な飼料穀物量（飼料要求率）を3倍とみて（大は牛肉の11倍、小は牛乳の1まで分かれるが実際の状況を参考に3倍とした）294kg。
④ゆえに直接食料として1人1年当たり441kg（147+294）が必要とみる。世界の食料穀物の必要量は世界人口80億人（国連2022年）として、35億2,800万トン（441kg×80億人）。

3 飢餓なき世界の年間１人当たり穀物必要量500kgの根拠

直接食料として1人1年当たり441kg（前項を参照）を必要とし、これに食料以外の穀物必要量が加わる。内訳は種子・減耗・加工用・備蓄。

1人当たり500kg必要とすると世界生産量は40億トン。

①このための種子は穀物平均収穫率（収穫穀物量1単位当たりの播種種子の割合）が0.7%なので40億トン×0.7%=0.28億トン、1人当たり3.5kg。
②減耗はFAO統計の2020年実績を参考に、収穫後の消失・腐敗・鼠害など世界生産量の5%とみて2億トン、1人当たり25kg。
③加工用は主にエタノール原料で、トウモロコシ1トンでエタノールを0.402kl生産できる（西澤栄一郎「農業者の出資によるバイオエタノールプラントの増加とその

を畜産物全体の供給量で割ったものを畜産物全体の実質的な自給率とし 16%（3,428 を 21,429 で割った百分率）としている。畜産物の飼料の構成や与え方は牛肉・豚肉など品目別に異なるのが実態だが、ここではその点を無視して、飼料自給率を一律 25%、畜産物の実質的な自給率を一律 16%としている。
⑫⑨の品目全体の合計供給カロリーを求める。2021 年の場合 2,265kcal（1）
⑬⑩の品目全体の合計国産カロリーを求める。同 860kcal（2）
2021 年のカロリーベース食料自給率＝((2) ／ (1)) ×100：(860 ／ 2,265) ×100＝37.97%としている。

あえて名付ければ、本書がインプット方式（投入法）であるのに対して、農水省方式はアウトプット方式といえる。日本版「食料需給表」と同じ「食料需給表」を各国版として作成しないかぎり、農水省と同じ方式による各国の自給率把握は不可能と思われる。
①人口統計、②品目別の日本調査の生産量統計、③国内消費仕向量のうち「飼料用」・「加工用」・「減耗」などを得るためのデータ、④品目別の実質国産部分を得るためのデータ。これらが計算のために必要とされるが、日本にしかないデータである。

本書は農水省方式の 2021 年度のカロリーベース食料自給率（38%）の再現に取り組んでみたが、部外者が試算するには、同省作成の「食料需給表」および「飼料自給率」が不可欠であるだけでなく、試算方法の詳しい手引き書の類いが必要だと実感した。

同省は「利用者のために」と題する資料を公開しているが「食料需給表」の説明を主眼とするもので、自給率試算方法については同省ホームページ上に概略のみ記載されており、同省試算の自給率を再現することは不可能に近い。

また、この方式を諸外国の自給率試算にそのまま当てはめることはできない。そのことは農水省自身が納得してのことか、アメリカ・カナダなどについて「諸外国の食料自給率」として公表している自給率はまったく別の方式によっている。これらの国の自給率を日本の自給率と並べて掲載しているが、比較の目的で掲載しているとすれば、方法が異なる点で適切とはいえない。


なお、本書が採用している「投入法」は対象とする品目について、経口段階ではなく投入段階で供給・国産の全量を把握、品目ごとにカロリー化、その合計量について自給率を求めるもので、インプット方式といえる。世界各国の自給率を同一の方法で試算できる利点がある。

計算のための必要データは以下のみである。
①FAOSTAT（国連食糧農業機関統計）
②「品目別食品成分表」（主要国が作成：データはほぼ同じ）

タンパク質自給率試算の対象品目（59品目、FAO統計掲載品目のほぼ100%）

小麦と製品・トウモロコシと製品・米と製品・大豆・大麦と製品・オーツ麦・ライ麦と製品・キビと製品・モロコシと製品・その他の豆類および製品・その他の穀物・えんどう豆・インゲン豆・ココナッツ（コプラを含む）・カカオ豆と製品・落花生・ナッツと製品・サツマイモ・じゃがいもと加工品・山いも・その他の根菜類・トマトと製品・ピーマン・オオバコ・その他の野菜・パイナップルと製品・リンゴと製品・バナナ・レモンライムと製品・ブドウと製品（ワインを除く）・グレープフルーツと製品・その他の果物・デーツ（ナツメヤシの一種）・キャッサバと製品・チョウジ・その他の柑橘類・コショウ・お茶（マテ茶含む）・はちみつ・牛肉・豚肉・鶏肉・鶏卵・マトン&ヤギ肉・食用内臓・その他の肉・牛乳・クリーム・バター・淡水魚・遠洋魚・底魚・頭足類・甲殻類・その他の水生動物・その他の海洋魚・水生植物・その他の軟体動物・その他（分類不能）

農水省方式（参考）

農水省方式の具体的な手順（概略）：2023年5月時点の情報による。

①農水省が独自の調査から得た、年間のコメ・大豆・豚肉など16種類48品目ごとの重量を単位（1,000トン）とする国内消費仕向総量（国内供給総量）から

②経口に直接に回らない年間の飼料用・種子用・加工用・減耗を控除後の

③粗食料総量を求め、

④品目ごとに歩留まり（品目により異なるが、日本食品標準成分表を基に得たとする、1－廃棄率）を乗じて

⑤年間の品目ごとの純食料総量を求め、これを総人口（単位1,000人）で除した数を

⑥1人1年当たり供給総量（単位kg）とし、

⑦これを365で除して品目ごとの1人1日当たり供給総量（単位g）とし、これに

⑧品目ごとの純食料100g当たりカロリー（日本食品標準成分表によるが農水省が調整したものとして、例えば牛肉の部位平均とする256.3kcalおよび豚肉の部位平均とする214.7kcalなどもあるが）を乗じて

⑨品目ごとの1人1日当たり供給カロリーを求める。

⑩品目ごとの1人1日当たり国産カロリーを⑨に（品目ごとの、国産量／供給量）を乗じて求める。

⑪ただし国産に名目（国産飼料と輸入飼料を使って国内で生産した牛肉・豚肉・鶏肉・その他の肉・クジラ・鶏卵・牛乳および乳製品）と実質（国産飼料のみで生産したこれら牛肉・豚肉など）がある畜産物の1人1日当たり国産カロリーの計算に当たっては、まず畜産物全体の供給量（21,429千トン）と名目国産量（13,712千トン）を求め、この名目国産量に飼料穀物・大豆粕・牧草など飼料品目それぞれにつき、カロリーに代わるTDN（可消化養分総量）を用いた日本独特といえる方法（なぜTDNを利用するかは不明）を介在させて得た飼料自給率25%を乗じて得たものを畜産物全体の実質国産量（3,428千トン）とし、これ

2. 国産量

国産穀物カロリー合計：供給と同じ方法（ただし畜産物のカロリー国産量は無視。統計上、国産穀物のうち飼料分は穀物国産量にすでに含まれるので国産畜産物を穀物換算して加算する必要はない）。

大豆油：同上。

カロリーベース食料自給率試算の対象品目（次の16品目、全カロリー媒体の80％程度を捕捉）

小麦と製品・トウモロコシと製品・米と製品・大麦と製品・キビと製品・オーツ麦・ライ麦と製品・ソルガムと製品・大豆・牛肉・豚肉・鶏肉・鶏卵・バターとバター油（ギー）・牛乳・大豆油

注：1人1日当たり摂取カロリーを求める場合は、年間供給総カロリーを人口で除し、これをさらに365で除し、平均の純食料率（平均の〈1−廃棄率〉）を乗じる。

各国のタンパク質自給率

試算の方法：カロリーベース食料自給率試算のカロリーをタンパク質含有量に置き換える。タンパク質含有量は「日本食品標準成分表2020年版（八訂）」による。

1. 供給量

供給穀物・青果物・魚介類タンパク質合計：

各穀物・青果物等の供給量：重量kg×1kg当たりタンパク質含有量の合計。

各穀物1kg当たりタンパク質含有量は次の通り。

小麦（105g）・トウモロコシ（82）・コメ（61）・大豆（333）・大麦（67）・オーツ麦（117）・ソルガム（117）・その他の穀物（117）・野菜（12）・果物（0.5）・魚介類（195）

供給畜産物タンパク質合計：

各畜産物供給量：重量kg×1kg当たりタンパク質の合計。

各畜産物1kg当たりタンパク質含有量は次の通り。

牛肉(167g)・豚肉(181)・鶏肉(199)・鶏卵(122)・牛乳(32)・バター(6)、

その他は上掲の「食品標準成分表」による。

大豆油・ギーなど食用油は、タンパク質含有量が0なので試算の対象から除外。

2. 国産量

国産穀物・青果物・魚介類タンパク質合計：

各穀物国産量（重量kg）×1kg 当たりタンパク質含有量の合計。青果物・魚介類も同様。

国産畜産物タンパク質合計：

各畜産物の国産量（重量kg）× 飼料自給率 × 当該畜産物 1kg 当たりタンパク質含有量の合計。（飼料自給率（概算）＝国産穀物全体の重量／供給穀物全体の重量）

本書主要データの根拠について

1 本書カロリーベース食料自給率とタンパク質自給率の試算方法

①使用した統計：FAOSTAT（国連食糧農業機関統計）（日本も含む）
②対象とした年：2020年（データが年ごとに大きく変わることはない）
③対象とした国数：カロリーベース食料自給率182か国、
タンパク質自給率182か国。それぞれを国別に試算
④食料自給率の基本式＝（国産量／供給量）×100：世界共通

各国のカロリーベース食料自給率

1. 供給量

供給穀物カロリー合計：重量kg×各穀物1kg当たりカロリー含有量の合計。
各穀物1kg当たりカロリー含有量（「日本食品標準成分表2020年版（八訂）」による）
小麦（3460カロリー）・トウモロコシ（3520）・コメ（3420）・大豆（4020）
大麦（3290）・オーツ麦（3500）・ライ麦（3290）・ソルガム（3500）

FAOSTATでは、供給穀物に輸入穀物自体は統計上算入済みだが、輸入畜産物を穀物換算した部分は未算入なので、本書では、輸入畜産物量を穀物量に換算後、供給穀物カロリーに合算（畜産物の直接カロリーではなく、一旦飼料に換算後加算）。
すなわち、供給畜産物カロリー合計：畜産物重量×畜種別飼料要求率×飼料（通常はトウモロコシ）1kg当たりカロリー含有量。

※仮定飼料要求率（カッコ内数字）：牛肉（11）・バターとギー（1）・牛乳（1）・鶏卵（2）・豚肉（6）・鶏肉（4）、畜産物全体では、おおむね3程度とみなす。

〇加算の方法例
牛肉輸入量100 kgの場合：100 kg ×11×3520（トウモロコシの1kg当たりカロリー）＝3,872,000kcal（これを飼料向けトウモロコシ供給カロリーに加算）。
大豆油の場合：供給すべてが国産の場合、無視してもよい。
参考：大豆油（重量）×1kg当たりカロリー含有量（8850kcal）。ただし大豆油を輸入している場合は、穀物を原料とする2次製品なので、畜産物同様に穀物カロリーに換算。
大豆油を大豆量に換算する場合：大豆油量 ×5.47（大豆油1kgを得るための大豆重量は5.47kg）。カロリー計算する場合には、これに大豆1kg当たり4020kcalを乗じる。
例（大豆油量100 kg）：100×5.47×4020＝2,198,940kcal。

参考：日本の場合、食用油はほぼ輸入依存なので、すべての食用油を自給率試算の対象にすべきであるが、全体の自給率を押し下げる要因に。

高橋五郎 たかはし・ごろう

1948年新潟県生まれ。農学博士(千葉大学)。愛知大学名誉教授・同大国際中国学研究センターフェロー。中国経済経営学会名誉会員。専門分野は中国・アジアの食料・農業問題、世界の飢餓問題。主な著書に『農民も土も水も悲惨な中国農業』2009年(朝日新書)、『新型世界食料危機の時代』2011年(論創社)、『日中食品汚染』2014年(文春新書)、『デジタル食品の恐怖』2016年(新潮新書)、『中国が世界を牛耳る100の分野』2022年(光文社新書)など。

朝日新書
929

食料《しょくりょう》危《き》機《き》の未《み》来《らい》年表《ねんぴょう》

そして日本人が飢える日

2023年10月30日 第1刷発行

著　者　高橋五郎

発行者　宇都宮健太朗
カバーデザイン　アンスガー・フォルマー　田嶋佳子
印刷所　TOPPAN株式会社
発行所　朝日新聞出版
〒104-8011　東京都中央区築地5-3-2
電話　03-5541-8832 (編集)
　　　03-5540-7793 (販売)

Published in Japan by Asahi Shimbun Publications Inc.
ISBN 978-4-02-295212-7
定価はカバーに表示してあります。
落丁・乱丁の場合は弊社業務部(電話03-5540-7800)へご連絡ください。
送料弊社負担にてお取り替えいたします。